石田 戢
Osamu Ishida

現代日本人の動物観

動物とのあやしげな関係

BNP
ビイング・ネット・プレス

はじめに

上野動物園に長いこと勤めていて、あるとき開園一〇〇年が近づいて、一〇〇年史の編集を手伝えということになった。一九八二年におこなわれた一〇〇年祭をさかのぼること二年半ほどのことだから、一九七九年の終わりころかと思う。すでに佐々木時雄さんが、『動物園の歴史（日本編）』という著作を出版されていて、これは主に上野動物園の歴史を中心に日本の動物園を考察されていたので、大いに役に立たせていただいた。佐々木さんは京都動物園の園長を退職されたあと動物園史を研究された方である。佐々木さんには、『続動物園の歴史（世界編）』という著書もあって、ヨーロッパの動物園が過去いかに動物を収集することに精力を費やしているかを知ることができた。私が著書を知ったときにはすでに物故されていて、お話を聞けなかったのは今でも残念に思っている。

動物園論に関する著作は、ほぼかならずといってよいほど遠くメソポタミア、エジプト、中国など古代からの動物飼育の伝統と歴史を強調することから始まる。言い換えれば動物園の歴史の古さが記述される。動物と親しむのは、昔からのことで、人間性の根源にかかわり、動物園もまた人間性の根底と関係して必然的に存在するということを言いたいのだと理解していた。私の疑問は、古代がそうであるなら中世から近世、連綿とつながるはずなのにその記述がないのはどういうわけなのか、ということにあった。

日本の歴史においては、動物を食料のために飼育し食べるケースはそれほど多いとは思えなかったし、それは開拓使以来の畜産振興にも見られるように、明治以降積極的に取り入れられたことは明らかであったし、ヨーロッパにおいても近代から盛んになったと漠然と思っていた。少なくとも、佐々木さんの著作を知るまでは、野生動物を集めて、見せる、見せびらかすといった王権の特徴的行為が連綿と続けられていたことを自覚していなかった。デンベックの有名な著書『動物園の誕生』に接する機会をえたのもそのころである。そこでは、古代から中世、近世を通じて、ヨーロッパ人が一貫して、動物を狩り、集め、飼育、鑑賞していたという歴史が語られている。

となると、次の疑問が芽生えてきた。歴史上の日本では、動物を集めて飼育する事例がきわめて少ないのではないか。たしかに、江戸時代になると東アジア産の象などの珍獣をつれてきて見世物にするケースが少なからずみられるのであるが、あくまでもたまたま得た珍獣を見世物とするというものなのであって、ヨーロッパで見られるように、王侯貴族がその支配地や交流のある外国から積極的に動物をかき集めて見せびらかしているとしか考えられないような、偏執性を示しているものはほとんどない。

古代からの大王と呼ばれるような絶対的権力者は、まず近隣から諸国の征服を図り始める。次第にその精力を広げるにしたがい、大王のもとには、土地の権利と財宝そしてその地の動物たちが集められていく。シュメールのシュルギ大王に始まり、アレクサンダー大王、シャルルマーニュ、神聖ローマ帝国、ルイ十四世など枚挙にいとまがないのである。これらの事例を見ると、これは執念的な動物収集だとしか考えられないようなケースがしばしば出現する。

これと対比すると日本では圧倒的に少ないどころか、執念じみた収集例は皆無といえる。この違いはなんだろう。ヨーロッパ世界の大王は、世俗の権力であり、日本のそれは祭祀の主催者として宗教的性格が強いというのも一因であろうが、世俗の権力者である、たとえば征夷大将軍であっても、この傾向はみられない。北条高時が犬追物に狂い、徳川綱吉が生類憐れみの令にこだわったといっても、こと収集する観点からすれば、比較すべくもないのである。

前記の佐々木さんは、近代日本の動物園が、動物学との結びつきのないままに形成され、それゆえに現在でもふがいない状況が続いているという説の持ち主で、しきりに学問との乖離を慨嘆されている。しかしそう語るとき、ヨーロッパ人の動物や動物収集への執念を忘れているのではないかと思われる。それには動物観の違いが横たわっているのではないか、それが私の「動物観」との精神的な出会いである。

動物観という当時は聞きなれないことばを使った中村禎里さんの『日本人の動物観』とい

う著書が出版されたのは昭和五九年である。これは日本の童話・民話とヨーロッパのグリムなどの童話における動物から人へ、人から動物への変身譚の根本的な違いを分析したものであり、これによって日本人とヨーロッパ人との間には、動物との距離や質的な違いがあるとされており、私の思考もそこから出発してよいと安心させられたのである。

このとき、私の興味はじつは現代日本人の動物観にあった。それは一つには歴史的動物観については、中村禎里さんをはじめとして民俗学や歴史学、宗教学、文化人類学などの各分野からの追求がすでにあって、相当程度にわかっていたことにある。日本では歴史的文献の多くが残存しており、いったん歴史学者の光がこの分野に当てられれば、歴史的側面からの解明はそれほど難しくなく、現に塚本学さんを始めとして多くの学者がこれに参与しているのである。二つ目には動物にかかわる政策や法律形成などの現代的課題に生かしたいと考えていたことである。さらに、動物園を運営するにあたって、日本人にふさわしい動物園のあり方も欧米とは違うのではないかなどにも興味を引かれた。

そのためには歴史的な動物観を踏まえつつも、現代人の動物観がどうなっているのかを把握しなければならない。特に、明治の文明開化を経て、西洋思想と文物、科学の全面的な導入によって変容した日本文化が、どのように歴史的遺産を相続し、また廃棄したのか、といった視点をもちつつ、現代人の動物観を研究するのが面白そうだし、何かの役に立つのではないか。いや正直にいえばそれ以上に、疑問が浮かんでそれを解明したいという私個人の欲求が、調べ、研究していくにつれ、増幅・拡大していったのが、動物観研究を今まで続け、おそらく生涯の私の研究テーマとする理由であった。

現代日本人の動物観・・・目次

第1章

ペットを愛でる

ペットブームの心理学

動物園の勤務が長かったせいか、動物を飼うとかかわいがるとかいうことは別にして、研究対象としては野生動物以外にはほとんど興味をもてなかったのであるが、あるとき妙な事実が気になった。それは、街を歩いているときであって、犬を連れて散歩しているのがほとんど老人や若い女性であったことだ。筆者は五〇年ほど前に少年時代を東京郊外の住宅地ですごしたが、そのころは、犬の散歩は子どもの仕事であった。もちろん、子どもが散歩につれていけないときは仕方なく母親が散歩につれていった。いずれにしろ、犬や猫、鳥を飼うのは、子どもの情操教育や遊び相手のためであった。

ペットの取り扱いの何かが変わっている。そう思って観察すると、子どもが散歩している事例は三〇〇人ほど観察したときにはじめて出現した。思わず喝采してしまった。その観察で顕著に見られたのは、リボンや着物などの装身具の着用、糞の処理、明らかにブラッシングなどのケアをされたペットの存在である。後に詳しく述べるが、動物観にかかる総合的なアンケート調査を行ったのは、一九九一年（平成三年）のことであり、その時の調査結果では、ペットを家族同様に扱うとか、ペットがいれば癒されるなどペットへの愛着性にかかる設問に強い反応は検出されなかった。こうした愛着性を、「家族的態度」とよんでいたのであるが、この態度の持ち主は、少なくとも一九九一年の段階ではそれほど多くなかったのである。

ほぼ一〇年後の二〇〇一年、前回の調査とどのように動物への態度が変化しているのか調べたところ、この家族的態度に劇的な変化が起きているという結果が出てきた。ほかにも六〇項目にのぼる設問を設定したのであるが、顕著な変化を示した項目はわずかで、家族的態度、つまりペットへの意識だけが突出して変化していたのである。

調査はアンケート形式で行ったのであるが、家族的態度に関する設問は次の三つである。

「ペットを飼うとしたら、本当に家族の一員として飼いたい」
「ペットを飼うことで、人間の生活が充実する」
「ペットを飼うとしたら、可愛らしさが何よりも大切だ」

これらに対して、「1　全然そう思わない」、「2　あまりそう思わない」、「3　どちらともいえない」、「4　まあそう思う」、「5　非常にそう思う」、という五段階の回答を求めた。三つの設問のうち、「家族の一員として飼いたい」という設問への回答は、一九九一年では平均でほぼ「3」にあったが、二〇〇一年では、「4・3」という値にまでなっていた。しかも、「5　非常にそう思う」と回答した人は、前回の10％から53％に上昇していた。また、「人間の生活が充実する」に関しても、「3」から「4」へと「上昇」していた。「可愛らしさが大切」という設問では、「3・4」から「3・7」へと変化しており、上昇はしているが、他の設問と比べるとそれほど変化してはいない。

総じて、ペットを家族の一員として飼いたい人は、「まあそう思う」という回答をふくめて、この一〇年間に35％から83％に増加しているのである。ちなみに、このアンケート調査は、まったく一般の成人に行ったのであり、ペットを飼育している人を対象にしたわけではない。これらの設問に高い反応を示した人たちの行動の特徴を調べると、釣りや登山、バードウォッチングなどをした経験をもたない人たちが多いことがわかった。行動特性からは都会派の人たちが、ペットを家族の一員と考え、生活が充実するようになってきているのである。

変化する家族概念と範囲

現代日本人の多くは、ペットを家族の一員と思い、ペットを飼うと生活が充実すると考えているのであり、その思いはここ一〇年間の間に急速に増加している。ところで、ここで

「家族」という概念の変化についてもふれておかねばなるまい。家族とは国語辞典によれば、「夫婦関係を基礎とし、親子関係、兄弟姉妹関係などによって構成される近親者の集団」となるが、行動面からすれば家族とみなされる関係は、「血縁、同居、共食、会計」をともにするというのが伝統的な理解であるといってよいであろう。

しかし、辞書的な表現とは別に、どこまでを家族とみなすかの範囲については、一九九四年の上野千鶴子氏の調査にも明らかなように、客観的な規定を超えて主観によって判断する傾向が見られる。他人が見ると家族の一員と判断されたり、家族とはいえないといわれても、当の本人の判断とはまったく異なる事例はいくらでもみつかるのであって、この認識を上野氏はファミリーアイデンティティ（ＦＩ）と呼んでいるが、これが自然性を失い、伝統的なそれと乖離してきていると実例を挙げて述べている。

このことに関しては、家族論ともいうべき領域があって、多くの論者が指摘しており、本書の目的でもないので、これ以上ふれないが、同居のカップル、同性のカップル、家庭内離婚、行き来のない単身赴任、などなど事例をあげれば理解していただけるであろう。少なくとも一九九〇年代半ばには、家族の範囲が伝統的な家族概念から外れてきていることを指摘しておく。しかし、この段階では、ペットを家族とみなすのが、マジョリティを形成しているわけではないし、他の家族論の論客もペットには言及していないようだ。

ペットに話を戻すことにしよう。家族の概念や範囲が自然性を失い、客観性から離脱しているとすれば、その範疇にペットが入っても不思議ではない。巷にあふれるペット雑誌や関連するメディア情報でも、そこに登場する人たちは一様にペットを家族と同様と呼んでも異様にはみなされない雰囲気をかもし出している。むしろ、いやしくもペットを飼うのであれば、家族の一員とみなさないのがいけないかのような状況を作り出しているとすらいえるのである。こうした関係を山田昌弘氏は二〇〇四年の著書で、「主観的家族」と呼んでおり、そこでは家族の概念の変化と、その中にペットが入り込んできている両側面を端的に示しているので、以下この用語を使用させてもらうことにする。

しかしながら家族の範囲が主観的に規定されるようになったことをもってペットとの関係を説明するのは早計にすぎる。それはあくまでも外部要因でしかないからである。それではペットとの関係はどのようになっているのか。ペット飼育の変化や意識の変化、ペットになにを求めるようになったのかなど、直接的な関係を追及する必要がある。

ペット飼育の変化

まず二〇〇一年の調査に戻ることにする。一九九一年調査では、鳥を飼う人が14％程度いたのに、一〇年後には2・5％と激減していることがわかった。ペットフード工業会の調査では、犬猫の飼育頭数は、一九九四年には、犬九〇六・七万頭、猫七一八・七万頭で、二〇〇二年までは、犬は一〇〇〇万頭を上下しながら、ゆるやかに増加しているが、二〇〇三年から急速に増え始め、二〇〇六年には一二〇九万頭になっている。猫は八〇〇万頭前後でゆっくり増えているが、二〇〇六年までほとんど変わらない。鳥についても、筆者らの調査とは別に、内閣府の調査でも、ペットを飼っている人のうち、鳥を飼っている人の比率は、一九七九年に37・6％、一九九〇年に17・4％、二〇〇三年に７・７％と激減している。いっぽう、犬猫をふくめ何らかのペットを飼育している人の比率では、一九七九年33・２％であったが、一九九〇年に34・７％、二〇〇三年に36・６％とほとんど変化していない。魚の飼育率はほとんど変化していないから、ペット飼育をトータルに見ると、鳥を飼育していた分が犬猫、特に犬に移動したことになる。昆虫の飼育については、一九九一年には14・７％あったが、二〇〇一年には２・８％と減少している。鳥を飼う人と昆虫を飼う人は絶滅危惧種なのである。

ともあれ、数値的データを見る限りでは、猫、魚はそれほど増加せず、鳥、昆虫は激減して、犬だけが増加しているという結果になるのである。日本には野生の鳥や昆虫は豊富に生息しているにもかかわらず、鳥や昆虫の飼育がなぜ激減したかについては、想像だけになってしまうが、鳥や昆虫は飼うのに手間はかかるがお金はあまりかからない。他面、精神的な交流を求めるのは難しい。また、飼育して死んでしまうことへの恐れも鳥や昆虫には多い。

豊かな時代になるにつれ、鳥や昆虫から犬猫へと移行していく結果になったと思われる。

そこでこの一〇年間にペットに対して、特に犬飼育に関して変化した社会的状況としてはどういうものがあるだろうか。思いつく限りでざっと上げてみると、

(1)ペットを室内で飼う。ペットと一緒に寝る。
(2)雑誌の発行件数と部数の増加。
(3)ペット保険の発達。
(4)動物愛護・管理法の制定。
(5)ペットに癒される関係を求める。

犬、おそらくは猫も同様であろうが、飼育数とは別に、彼らを愛情をもって、大切に飼育する姿が見えてくるのであり、これは常識的見解とも一致するであろう。鳥や昆虫には愛情を持ちにくいのである。

犬や猫に何を求めるか

このように大切に飼うことへと変化した犬や猫との関係は、どのようになっているのであろうかという疑問が次に湧いてくるのは当然というものである。そこで二〇〇七年に、犬猫を飼う動機の探求を主な目的として調査を実施した。

一〇〇〇名の犬や猫を飼育している関東・関西に在住している社会人を対象に、ペット飼育の動機、ペット飼育に関する考えと行動、ペットとの主観的関係とその理由などを把握することを中心テーマとした（以下、「二〇〇七年調査」と呼ぶ）。

調査にあたって設定した仮説と問題設定は、次のようなものであり、その観点から設問設定をした。

（１）飼い始める直接的動機はなにか。
（２）「子どもの教育のために行う」という動機は低いのではないか。
（３）「飼い主を頼ってくれるのがうれしい」という関係が成立しているのではないか。「自分の言うことを聞く」という関係よりもむしろ「面倒を見たい」という関係が強いのでは。
（４）ペットを飼うことで、他の人との人間関係に変化があるか。
（５）ペットをどのような対象として把握しているか。
（６）どのような行為をかわいそうと感じるか。

（7）ペットとの接触を求めているのではないか。
（8）番犬や散歩による健康の維持という、直接的な実用的側面はほとんどないのではないか。

などであった。

ではまずペットを飼うにいたる直接的動機はどのようなものであろうか。「家族が飼いたがった」という消極的な理由が一番多く39・6％あるが、五〇歳代を中心に四〇代、六〇代の比較的年齢の高い層に多く見られる。「家族のコミュニケーション」23・7％は、特に年齢によって差は見られないが、「ペットを飼える環境になった」23・2％は四〇代が一番多い。その他の理由は、特に「番犬」とか「子どもの教育」といった直接の実用的な目的による飼育開始は少ない。また「子どもに手がかからなくなった」、「一人暮し（になった）」という動機は少数であった。家族間のコミュニケーションの必要性や環境の変化など、なんらかの生活上の変化をきっかけに飼育を開始することも多いと思われる。こうした直接的な動機を見る限りでは、まことにそっけない回答となっている。

欧米では、子どもの遊び相手や教育のためにペットを飼うことが多いという報告がある。しかし日本ではこの調査結果全般に見られるが、子どものために犬や猫を飼うケースは少ない。「家族が飼いたい」といったなかに、子どもがふくまれるとは思うが、少なくとも教育的な観点からペットを飼うことは稀であることがわかった。

ペットを飼うことによって変化する愛情

次にペットを飼育する形式からみてみよう。かつてといっても筆者の少年時代まで戻ってしまうが、犬は室外、猫は出入り自由であった。この傾向は、一九八〇年代ころからじわじわと変化し始め、ペットフード工業会の二〇〇六年調査によれば、室内飼いは純粋種で79％、雑種で28％となっていて、特に純粋種の場合、室内飼いがほとんどとなっている。筆者の二〇〇七年調査でも、純粋種か雑種かの区別はしなかったが、犬は68・０％、猫は76・８％が室内飼いであった。もちろんこの場合、室内だけでの飼育で、出入りしながらの飼育はふくまれない。驚かされたのは、一緒に寝る割合で、犬で32・５％、猫で37・５％が一緒に寝ているとしたことである。飼い始めのそっけなさとは裏腹に、飼ってからはまさに赤ん坊のような扱いになっているのである。

それでは飼育して以後の飼い主とペットとの密接度はどのようなものであろうか。二〇〇七年調査では、一九項目を挙げてそれぞれ設問に、「あてはまる」、「ややあてはまる」、「どちらともいえない」、「あまりあてはまらない」、「あてはまらない」、の五段階のうちから選択してもらった。ここでは、「あてはまる」と「ややあてはまる」を加えた数字を「あてはまる」として示すことにする。もっとも「あてはまる」が多かったのは、「(ペットを飼っていると──以下この条件省略)帰ったときにほっとする」(85・3%)であり、以下「自分を頼ってくれるのがうれしい」(82・5%)、「ペットの行動を見ているといろいろ発見がある」(82・0%)、「ストレスが解消される」(81・1%)、「家族のコミュニケーションがうまくいく」(79・6%)、「話し相手、遊び相手になる」(78・1%)と続き、以下は60%前後まで間がある。すなわち、この六項目に強い賛同をしめしているのである。これらの設問への設問間相関は当然ながら高く、この六項目に賛同する人たちで多数集団を形成している。しかし上記六つの設問は、自分の精神的な安定に役立つ側面とペットの行動などが飼い主に依存的であること、家族全体に役立つ側面とが同居しているのであるが、それらはすべて一人の飼い主によって共存的に観念されているのである。

別の設問として、「ペットはあなたのどのようなものですか」と聞いたが、40・8%が家族という表現を使い、血縁である「子ども」「弟妹」「孫」としたケースを加えると、70%近くにものぼった。また、癒してくれる存在、安らぎを与えてくれる、かけがえのない存在、など精神的なささえをしてくれる側面からの表現も20%程度あった。

また、その理由についても尋ねたところ、「癒す」、「いつも(ずっと)一緒」などというキーワードによってしめされる感情が、ほとんどを占める結果となった。以下にそれらのキーワード示しておくと、「なくてはならない」、「かけがえのない」、「心のささえ」、「かわいい」、「大切」などである。

こうしたことから、ペットを飼育することによって、ほっとしながら、頼られ、夜になるとベッドに入ってくるペットの存在が浮かび上がってくる。ペットによって精神的に安定する飼い主像が見えてくるのである。

家族の一員はどうしてつくられたか

子どもが成長すると親子の関係には一種の緊張関係が成立し始める。まったく母と子が一方的な依存関係にある乳児の時期には、親子は同一なものから次第に別の存在へと移行していくことは、よく知られている。幼児になれば、子どもは他者認識を確立し始め、もはやまったく一方的な依存関係だけではなくなり、緊張関係が始まっていく。いわゆる家族問題のうち、親子の間で起きる問題は、この時期から胚胎しているといってよいであろう。

夫婦の関係は、もちろん、母子や親子一般の関係とは違っているが、これまた仲の良い夫婦であってもある種の緊張はある。こうした緊張関係は、かつての家父長制といわれた戸主が絶対的な権力をもち、専制的であった時代から、戦後世代が成人する過程で変化してきており、子育てにも強い影響を与えている。こうした家族のなかにある緊張感をペットとの関係で見てみるとどうなるだろうか。

ペットは、大多数の飼い主によって、家族、家族の一員、家族と同じ、子ども、と認識され今や主観的には家族となっている。ちなみに、「家族同様」といっても、親と同じとか、連れ合いと同じと表現した例はない。ほとんどが子ども、弟妹、孫になぞらえている。

しかし、ペットとの関係で緊張感があることを指摘した事例はほとんどないといってよい。頼ってくれるのがうれしい、と表現した回答が81・8%あったことにも明らかなように、自分が世話をしないとあやうい存在であり、家族だとしても乳幼児的存在としての家族であるといえるのであり、その関係はおそらく死ぬまで続くのである。まさにペットは裏切らないのである。こうした相手が変化することを恐れる必要のない関係がペットとの間で成立しており、そこにある緊張感は、たとえあったとしても簡単に壊れないことを前提とした安心感のあふれる関係なのである。その意味では、無条件に近い一方的な依存関係に基づいている。

こうした関係は、ペットが番犬とか健康に良いとかいった実用的な視点よりむしろ利用する関係と離れたところでできあがってくるはずである。

ところで、現代社会において、「触れる」という行為はタブー視されてきている。身体的接触が許されるのは、親子やカップルに限られてきている。他人の子どもに触れるのも、ご

くごく小さい子どもであるなら別だが、親から嫌がられる可能性が高い。
　筆者の長い動物園生活からの経験では、動物と触れ合うコーナーの人気は高くなる一方である。どこの動物園でもある「ふれあいコーナー」は実は、「ふれあい」ではなく「お触り」コーナーなのであるが、あたかも子ども（大人の場合も少なくない）と動物が触れ合っているかのような錯覚を作り出して、両者の合意の上で成立しているようにセットされているが、これはかなり一方的な関係なのである。ここで述べたいのは、触りたい願望が社会的に抑制されてきていて、そうした願望を果たすためには、親子や夫婦の間でも一定の緊張があり、ペットや動物園の動物との間にはそれがない、ということである。

動物園で子どもたちに接していると、動物に触ることへの興味がきわめて高いことに気づく。「子ども動物園」で、モルモットやウサギを抱かせるコーナーはいつも満員状態である。数年前、ライオンが子どもを産み、子育てをしなかったので、人工飼育した。筆者の勤務した多摩動物公園では、ライオンを群れで飼育・展示しているので、親が子どもを守らない状態で群れに参加させることは不可能に近い。結局、その子どもたちだけで飼育するしかなく、それならお客さんに慣らせてしまおうと「ライオンと散歩」という催しをした。実施してみると、散歩どころではない状態に陥った。数百人の人たちが、触ろうと押し合いになり、怪我する子もでてきてしまい、一箇所に止まって触ってもらうことにした。一ヶ月で二万人以上の人が触ったことになる。

民間の某動物園では、ライオンの一日飼育というのをやっていて、参加費用一万円だが数ヶ月先まで予約がふさがっているという。野生動物に触る、ペット化する事業はかようにして盛況である。

普通触る行為をさせない、あるいはしない野生動物であっても、それに触るのは人気のあるイベントになる。最近、動物園の飼育係への希望者はきわめて多いが、その半数は、動物園の飼育係は野生動物に触ることができると誤解している。

動物との直接的接触が可能になるペット飼育、特におとなしく触られるままにしている犬との関係は重要である。犬の場合であれば、室内で飼育しはじめた時期から、両者の関係は大きく変化してきたのであろう。室内飼いは圧倒的に接触度が高いからである。そして、寝室やベッドを共にするにいたり、関係が確立して、それを家族と呼び、癒される関係、なくてはならない関係になってきた。実際、飼い主のベッド・布団で寝ていると回答した人は、34・４％いるが、そのほとんどすべては、「家族同様」、「癒される」などと、ペットとの密接な関係を表現している。猫についても、室内だけで飼育している飼い主の反応は同様である。

ここではもはや、かわいいなどという月並みな表現をとおりこしている。

動物にしてはいけないこと

ペットを家族の一員として考えるとすれば、動物に対する行為は、どの範囲まで許容され、当然視されるのか。そこで、動物に対するよく見られる行為のうち、現代日本ではどこまで許容されるのかを、「かわいそう」によって区別することを二〇〇七年調査で試みた。

動物に対する行為を、二五種列挙して、かわいそうと思うものを指摘してもらった。

この設問についても五段階評価で回答してもらったのだが、もっとも忌避される行為からあげると、動物の遺棄、声帯手術、整形、毛皮目的の飼育、闘牛、実験動物として扱う、狭い場所での飼育、狩猟、品種改良、野生動物の捕獲、の順であり、躾・体罰、見世物芸、洋服を着せる、も少なくない。逆に、許容されているのは、盲導犬として使う、猫を室内だけで飼う、犬を室外だけで飼う、ペットフードだけで育てる、などであり、一般には推奨されている避妊については、賛否が分かれる。

ここで見られる特徴は、動物を改良したり、改変したりすることへの忌避である。声帯手術、整形、品種改良、避妊など一般に許容されていると思われるような行為であっても闘牛や狩猟などよりも忌避感が高いものが見られる。また、動物を矯正する行為もあまり好まれていない。それほど高い忌避がなかったのであげなかったが、安楽死や人工授精なども、忌避する人が少なくない。洋服を着せることや避妊ももはや常識となっているかのように思えるが、かならずしも全体に好意的に見られてはいない。実際、避妊をした人は、20・7％いるし、洋服を着せた経験のある人は10・6％いるが、ここで見る限りでは、こうした行為をしない人は、むしろ嫌っていると考えてよいのである。日本人は歴史的に動物を改造したり、矯正したりするのを好まず、不自然な行為とみなすことは、これ以後の記述で述べることになるが、その傾向は現代でもみられるのである。

今回の調査では、全般に年齢、性別差が少なかったので、これまであまりふれてこなかったが、この設問に関しては、やや性別・年齢差が見られたので紹介しておこう。

男女別では、女性型と男性型とでわけられ、全体に女性の忌避感が強い。

女性型：遺棄、整形、毛皮目的の飼育、声帯手術、闘牛、狭い場所での飼育、品種改良、狩猟
男性型：洋服を着せる、ドッグショーのための訓練
年齢では、全般に高年齢のほうが、忌避感は強く、低年齢のほうが高いものは見られなかった。
高年齢型：遺棄、洋服を着せる、闘牛

ペットの名づけ

未開社会の調査を通じて文明社会の過去を解明しようと目論んだ文化人類学者に対して「未開」といわれる社会やその思考様式は、現代西洋社会から見た一種の差別主義であり、それは未開ではなく野生の思考であるとしたレヴィ＝ストロースは、種の名前は固有名のあ

る種の性質を備えており、固有名の形成方法が自然科学での種の名称の形成方法と同じである、と述べている。人の名前は、多くの研究者が明らかにしているように、一つの名前で一生を送ることは少ない。生まれた時につけられる幼名、若名、襲名、隠居名、また性格は異なるかもしれないが、綽名、屋号、死後のおくり名など、一様ではない。民俗学者柳田國男によれば、「一生の間に何回も名を取替え、又時によって色々の名を以て呼ばれること、これが日本人の古来の習慣であった」と簡潔に述べられる。けっして呼ばれることのない本名があったりするのは稀ではないし、むしろ一人の人が、一生を一つの名前で過ごすようになったのは、少なくとも日本においては、明治以後戸籍法が確立してからのことである。有名な例では西郷隆盛の名前である。幼名は吉之助であるが、本名は隆永といった。明治になって辞令を交付される段になり、周囲の誰もが本名の隆永を知らず、誤って父の名である隆盛と記載されたという。西郷隆盛だけではなく、明治四年（一八七一）戸籍法が制定されたとき、氏名を一つに統一されたのであり、それ以前は、いくつかの名前をもつのはごく普通のことであった。

ペットの名前は、生まれた時につけられ、その後、改名されるケースは稀である。生まれて数ヶ月、親から離れた子どもの犬や猫、幼さの残った時期に命名されるのがほとんどであろう。不幸にして愛護センターなどから引き取り育てる場合などや飼い主が変わるとき、また姓名判断などのうえで改名する飼い主も最近ではいると聞くが、少なくとも多数ではない。ペットの名前は、子どもの名前なのである。

ところで、動物園のチンパンジーにはそれらしい名前がつけられる。ライオンにもライオンらしい名前がある。中国から来たジャイアントパンダやレッサーパンダには、同じ文字を重ねた漢字が用いられることが多いのもこのことを証明している。固有名は、種のイメージから離れて存在しえないのである。

こうしたことを踏まえ、ペットが、飼い主とどういう関係にあるのかを把握するために二〇〇二年にペットの名前を調査した。犬ではコロとかラッキーとかが多く、メスの場合はモモ、猫ではチビ、ミーなどが上位を占めた。これらの名前を分類してみると、さらに音節が短いことに気がついた。人の調査では、男子2・9、女子2・6という結果があるが、そこで犬猫の名、上位二〇〇位の音節数を調べると、犬2・1、猫1・95とはっきりと短い。そして1音節の名前も、犬では表でもわかるように四〇位以内にはいないし、それ以下でもプー、クー、ムー、チーくらいだが、猫ではミーをはじめ一三種類も1音節の名前があった。

ところが最近行われたペット保険会社の調査では、食べ物の名前などが上位を占めるなど変化している。ペットの保険をかけている飼い主であるから、一般人とは少し違っているのかもしれないが、少なくともペットと人との関係が大きく変化しており、愛着度を高めていると考えられるのである。

同時にきわめて精神的な要求を犬や猫に求めていることがわかるのである。

不平等だから愛する関係か

シニカルな文化人類学者のイー・フー・トゥアンは、ペットへの愛情と支配の関係に論及しているが、平等とはある距離を前提にしており、優しさは不平等であるがゆえに成立する、と指摘し、「不平等だから愛する関係」が成り立つとしている。特に、ヨーロッパ社会では、宮廷や貴族社会の女性の間で、動物だけではなく奴隷や黒人など人間をペットとして愛情をそそぐ習慣があった例をあげている。彼らの間では、市民や労働者階級は指導し、矯正する対象ではあっても、福祉や窮民する対象ではない時代があったことは確かである。人よりも動物が大切にされるかのような時代があったのである。トゥアンはヨーロッパ社会が、多くの品種としての狩猟犬やペットを生み出したことも、この流れにつながるとしている。さらに、残酷さは人間の本性であるとまで言ってしまっている。

中世以来、ヨーロッパでは動物への残虐な行為がまかり通っており、これを制御しなければ人間社会の道徳すら確保できないがゆえに、イギリスではマーチン法など一連の動物保護法が一九世紀に成立し、ヨーロッパ各国はそれにならったとされている。その根拠には、立法化や強制力が働かさなければ、動物や差別される人たちへの残虐な行為はなくならないとする潜在的な認識があるように思われる。そして、これらの法律群は、人間の動物に対する残虐な行為に対する保護のための法律であることも指摘しておこう。第二章で詳しく述べるが、動物を人から守ること、愛情・愛着をもつこと、福祉の対象とすることは、それぞれ異なった概念なのである。

ところで本当に「不平等だから愛する」と考えてよいのであろうか。

ヨーロッパ社会には、動物への残虐な行為を制御することによって、人間の道徳観を形成しようとする志向が見られる。少なくとも、人間性の歴史的形成に動物をからませていると考えられる。日本においても、徳川綱吉の「生類憐れみの令」も、動物への残虐行為を禁止することによって、人間社会のすさんだ風潮を是正しようとしたと山室恭子氏は述べている。しかしこの政策はまったくの不評で、少なくとも成功したとはいえない。

まったく逆に、人間同士の社会関係のなかから動物や自然などへの配慮を検討しようとしているのが、日本社会ではないだろうか。そうだとすれば、動物を改造したり、いじめることを好まなかった歴史は理解されるのであり、日本において動物保護に関する法律の成立が遅く、なおかつ保護法ではなく、愛護のための法律であったことの不思議さの一端が見えてくるのであるが。

隙間を埋めるペット

アメリカでのペット飼育の過半が子どもがらみであるが、日本では子どもはほとんどからまない。日本では、ペットを子どもの教育や相手として飼育する例は意外に少ない。幼児がいる場合であれば、ほとんど飼育しないし、小学校の児童でも少ないのである。この原因を都会のマンションでペット飼育が禁止されている例が多いことに求めるのはいささか筋違いではないかと思われる。ペットは子どものための存在ではなくなっているといえまいか。

男女、夫婦、親子の関係における不平等感が縮小して、家族内の個人の関係にも一定の距離を保たなければならない時代だとすれば、その距離のいわば隙間に馴れ親しんだ存在、すなわちペットを持ち込むことによって、緊張感は緩和されうる。そこにペットへの新しい家族意識が生まれていると思われる。ペットはそうした存在として現在の日本社会に受け入れられているといえよう。

現代社会は恋人などを除いて、他者に触れることがタブーとされる。他人の子どもの頭を撫でる行為は親の反感をかう。自分の子どもですら、ある程度の年代を過ぎると触れることがためらわれる。この子どもに触れるという行為に遠慮が入り始める時期になると、ある種の不満が醸成されてくるのではないかと思われる。家族の間に緊張感が生じて、関係に距離が出てくると、その隙間を埋める存在を潜在的に欲してくる。そのような状況で、ペットを飼育すると、いたいけない、頼ってくる存在、安心できるし、自分を無条件に待っていてくれるペットを見出すことになる。しかもいつもそこにおり、ベッドを共にすれば、その関係は次第に安定してきて不安はなく、定着する。こうした隙間はいつの時代にもあったと考えられるが、充満する愛情や愛着の発露先をより求めていることが現代日本のペットブームを支えていて、そこに癒しや和みを感じているのではあるまいか。

私はこれまでペットという用語を使い、コンパニオンアニマルとは呼んでこなかった。がそれにはそれなりの理由がある。日本におけるペットのありようが、家族しかもペットを子どもと想定する関係であるのは、これまで説明してきたとおりである。この関係は少なくとも、西洋的平等の関係ではない。一緒になにかをするのがコンパニオンであるなら、日本においてはそうではないといえる。ペットはあくまでも親の子どもに対する関係に擬することはできるが、コンパニオンの関係とすることはできないからである。

日本人は子どもに対して甘える、と述べたのは土居健郎氏である。甘えは無自覚の依存関係であるとされるが、子どもが自分から離れて行こうとする自然な状況に対して、現代日本人はそれを引きとめようとする志向が見られるという。この論理を、子どもを引きとめられなくてその代替をペットに求めると読み込めないだろうか。ペットはいつまでも子どもでい続けるし、またそうでなくてはいけない存在だからである。

名前をつける

犬や猫の名前と人の名前との違い

一九五〇年代には、犬でいうとポチとかコロ、外国産種だとジョン、ラッキーなど犬特有の名前があり、猫もタマとかシロとかある程度決まっていた。動物にはそれにふさわしい名前があって、犬や猫を、呼ぶのに便利な名前をつける傾向がはっきりしているように思う。私事で申し訳ないが、筆者の飼っていた犬の名前はボン、これは代々同じ名前で、小学校の二年生くらいから飼い始めて五代同じ名前を使っていた。

人の名前の場合、もともと少なくとも二つの要素がある。一つは呼ぶ時に便利であることで、もう一つは意味をもっていることである。筆者の名前はおさむで呼び方こそ平凡だが、漢字で書くと珍しくなってしまう。おさむという名前には、「平和になってよかった」という時代の含意がある。日本人の場合、漢字が特別の役割をしていて、そこに意味、つまり「名前のように育ってもらいたい」とか、「社会的貢献をしてもらいたい」とか、期待や希望などの感情が強く込められた名前にすることができる。では犬や猫はどうだろうか。

最近になって「ペットと家族とまったく同様に住んでいる」という飼い主の言葉を頻繁に耳にするようになった。確かに、家族と同じ、場合によっては家族以上の親近感や愛情を注いで、生活している人が多くなっている。しかしそこには人に対するのと何か違った感情がある、と疑問をもったのが、調査のきっかけとなった。命名は意識的な行為であるが、名づけはごく自然に行われるので、こうした感情が表現されやすいと思われた。

どういう名前が多いのか

名前を調べるといっても街で一頭一頭聞いてみるわけにはいかない。そこで知り合いの獣医さんに相談して、教えてもらったり、紹介してもらったりして、現在のところ犬、猫ともに約五〇〇〇頭のデータを集めて調べた。多い順に表にすると、一見して、それぞれの特徴が見て取れる。犬では、コロやモモ、チビといった2音で昔から使われている名前とラッキー、チャッピー、ロッキーなど撥音便をふくんだ外国語、そしてタロウやジョンが上位を占めている。猫だと、チビ、クロ、トラなど昔からの名前が多くなり、ミーとかミーコとか鳴き声を擬した名前が目立つ。

さらに音節が短いことに気がついた。人の調査では、男子2・9、女子2・6という結果があるが、そこで犬・猫の名、上位二〇〇位の音節数を調べると、犬2・1、猫1・95と

イヌとネコの名前・多いものベスト　データ数　イヌ…4,809　ネコ…5,132

イヌの名前

順	名前	数	順	名前	数	順	名前	数	順	名前	数
1	コロ	97	11	ナナ	40	20	リキ	34	28	モモコ	26
2	ラッキー	80	11	メリー	40	22	クッキー	33	32	シロ	25
3	モモ	73	13	ラン	39	23	マル	31	32	チコ	25
4	チビ	71	13	ミッキー	39	23	ロン	31	34	ポチ	24
5	ジョン	68	13	チロ	39	25	クロ	28	35	ジロー	23
6	タロウ	64	16	ラブ	37	26	ハッピー	27	36	エル	22
7	ハナ	55	17	リュウ	36	26	レオ	27	37	マック	20
7	チャッピー	55	18	ベル	35	28	チェリー	26	37	チャチャ	20
9	ロッキー	44	18	ゴン	35	28	ミミ	26	37	アイ	20
10	リリー	42	20	サクラ	34	28	ムク	26			

ネコの名前

順	名前	数	順	名前	数	順	名前	数	順	名前	数
1	チビ	137	11	ナナ	34	20	チョビ	20	30	フク	15
2	ミー	124	11	レオ	34	22	トム	19	30	マル	15
3	クロ	97	13	チャチャ	31	22	ミュー	19	30	ミルク	15
4	トラ	73	14	チロ	26	24	タロー	18	34	ゴン	14
5	ミーコ	68	15	サクラ	24	24	ヒメ	18	35	ジジ	13
6	モモ	64	15	ミケ	24	26	チビタ	17	35	ベル	13
7	ミミ	62	17	チー	23	26	チャッピー	17	35	ミイ	13
8	シロ	60	18	チーコ	21	26	ポンタ	17	35	メイ	13
9	タマ	47	18	チャコ	21	26	マイケル	17	35	ユキ	13
10	ハナ	45	20	チコ	20	30	ハナコ	15			

はっきりと短いのである。そして1音節の名前も、犬では表でもわかるように四〇位以内にはいないし、それ以下でもプー、クー、ムー、チーだけだが、猫ではミーをはじめ一三種類も1音節の名前があった。

また名前の頭文字も両者には違いがある。猫ではタ行やマ行の頭文字が多いのに犬では全体に満遍なく分布しているのだ。人の場合は、男女間で大きな違いがあり、男はタ行、カ行、女はマ行とア行が多い。犬や猫での性差については、違いは見られたが、人間ほど極端な違いはない。やはり犬・猫にはそれぞれ固有の名づけがある。

人の名前とどう違うか

分析の方法としては、名前をいくつかのカテゴリーに区分して、それらがどのように分布し、どのように変化するかを考えることにあった。ポチやコロ、タマやミーというのは、昔から犬や猫につけられる名と考えられていたから「伝統的」、外国人の名前、外国語、タレント、人に似ている名などに区分して分析することにした。

表でもわかるとおり、タレント、外国人、外国語は、いずれも犬に多く、猫に少ない。これらの名前の特徴は、かっこよさにある。ロッキーやラッシー、メリー、ラッキーなどという名は、大型・外国産品種で連れて歩くのにふさわしい名前で、同じ区分をしても、猫の名

イヌとネコの名前・カテゴリー区分

カテゴリー	説明	イヌの例	ネコの例
伝統的	戦前からの名	コロ、チビ、タロウ、ハナコ、ゴン、ポチ	チビ、ミー、ミーコ、タマ、ミケ、チー
タレント	タレント、キャラクターで有名	ロッキー、チョビ、カール、ラッシー	トム、ジジ、チョビ、チャトラン、チビタ
外国人	外国人の名	ジョン、リリー、メリー、ミッキー、マック	リリー、メリー、ジャッキー、ミーシャ、マック
外国語	外国語を使った名	ラッキー、チャッピー、ラブ、ベル、エル	ハッピー、ラッキー、キャリー、ベル、ドン
可愛い	呼ぶのに可愛らしい	パピ、クー、プー、ルル、ポポ、ココ	チャー、クー、ペペ、ポポ、ピー、ポン
形、色等	姿、形、色、動作など外見	クロ、シロ、ムク、ペロ、チョロ	クロ、シロ、モグ、モコ
食べ物	食物、飲み物、その商品	クッキー、プリン、マロン、キャンディー	クッキー、チョコ、プリン、ミルク、ポッキー
動植物	動物、植物や自然物	レオ、トラ、クマ、ウメ	クマ、テン、レオ、ネコ、ツバメ、タンポポ
新伝統	伝統と似て定型的	ポンタ、コテツ、コタロウ	ポンタ、ニャンタ、チャチャマル、プースケ
人に似る	人にもつけられる名	モモ、サクラ、ダイスケ、アイ、ラン、リュウ	ユウ、ユキ、モモ、マイ、ケンタ、サクラ、ミキ

前だとトム、ミミ、ハッピーなどと少しおとなしい感じがする。

伝統的な名前も、猫の方が多いという結果になった。ミー、チビ、タマといった名前もまだすたれているわけではなく、20％、約1／5でカテゴリー区分ではもっとも多い。犬でも同様で、コロを筆頭にタロウ、ポチなど15％で上位を占めている。

人と共通する名前も少なくない。このカテゴリーは犬と猫でほとんど変わりなく、15％くらいである。最初にカテゴリー分けしたときには、リキとかムサシとかといった名前は、伝統的とはいえないが、タレントにも入らないので、最近の特徴として「新伝統」というカテゴリーに入れておいた。ところが、最近の人の名前と比較する必要があって、人の名前を調べてみると、こうした名前は人の名前としてごく普通に出現しているのに気づいた。自分の名前や自分の時代とは変わってきている。そして、人と共通する名前の範囲が大きくなっているのである。逆にいえば、人の名前が、動物の名前に近づいているとさえ思われる。しかしどこか少し違うところがあり、それは、犬や猫に使う名前は、人と共通していてもあまり意味がふくまれておらず、呼び名的だったり、かっこよさに重点がおかれているようである。そういう観点から、子どもに名前をつける傾向にあるともいえよう。

犬と猫の名前の違い

名前の種類を数えると、犬は一三七一種、猫では一九三二種と、圧倒的に猫の名前の方が多様多岐になっている。なぜこんなに種類数が違うのか、疑問に思って調べてみると、どう区分したらよいかわからない、つまりプー、モン、ピーなどといった名前的でないものが多く見受けられた。猫の名前の種類が多いのは、こうしたあまり名前とは考えにくいのがたくさん入っているためである。こうした名前は、呼ぶ時には便利で、音の響きからすると可愛い感じがでる。そこで私は、これを便宜的に「可愛い」というカテゴリーにいれて区分した。

名前をつけるときの一つの指標には、どんな種類を飼っているかがある。今回の調査では犬では外国産品種が数も73・5％と大部分を占めており、品種数も一一五と多様なのに、猫では16・3％、品種数も二八しかなかった。猫の大多数は、雑種か和猫だった。犬の名前には外国人や外国語が多数をしめているのに比べ、猫では少数派なのは、このせいと考えられる。また、外国語や外国人の名のもつかっこよさなどは、猫には求められていないこともあろう。そのかわりに多いのはなにかといえば、まず可愛らしさや呼びやすさがある。猫ではそれ以外に、形や色など外見的な特徴をあらわす名前が多い。シロやクロ、ミケ、ムク、モコなど犬でも猫でも同じようなものだが、これらも圧倒的に猫に多い。

猫の場合には、ミーとかチーから始まる名前が多いことにも現れているようにやや安易な名づけが目立つ。それに比べて犬は少し工夫した跡が見られるのが特徴になっていると言える。

時代の移りかわりとともに

過去二〇年の間にペットと人との関係は大きく変わってきている。日本人のペット観は、名前にどのように反映しているのだろうか。

カテゴリー別に見てみると、「伝統的」な名前の変化が一番大きくて、特に犬では九〇年前後から急速に減少している。ところが、猫の場合は、八七年頃に減少するが、その後はあまり変化がなく、最近ではむしろ上向きになっている。チビとかミー、タマなどはそれぞれ流行があるが、全体としては減っていない。伝統的な名前はどちらかと言うと気楽で手ごろな名前だが、それが猫ではあまり減っていない。

人に近い名前は、微妙に増えているが、特にめだった増え方ではない。その意味では、最近のペットブームは、人に近い名前をつける結果につながらないのではないかという想像も可能なのである。

形や色の外見的な名前は、猫では10~15%前後なのだが、最近顕著に少なくなってきているが、犬では、少数派で余り変化はない。このカテゴリーはやや伝統的な名と似ていて、単純な名であるので、こうした名前は避けられる傾向にあると思われる。

食べ物の名前は、九〇年以前だと3~5%であったが、九〇年を過ぎてから6~9%に上昇してきて、今も引き続き増えつづけている。

コロやチビなど、ベストテン上位に登場する名前はどうだろうか。まず犬のコロは、九三年以後激減している。九三年以後だけだと、ベストテンに入るのがやっとである。ラッキーもそれほどではないが、ゆっくりと減ってきている。その代わりにモモ、クッキー、サクラなどの柔らかな響きをもつ名前が上昇してきている。

猫では、トップのチビは減少していて、同じように九〇年を境に少なくなっているが、犬のコロほどではなく、まだ十分ベストテン上位を占めるだけの数はある。ミーも長い期間では減っているが、八七〜九八年の間ではほぼトップで、九九年以後急に減少しているが、これは今後の推移をみていく必要がある。猫は、大きな変化がなく、ゆっくりと変わっている傾向がみられる。

その他、いろいろ

犬や猫に漢字の名前をつけるケースは増えてきていて、特に、犬の場合に多くなる傾向にある。最初は、漢字のもつ意味性から人に近い名前が多いのではないかと予想したが、予想ははずれて〇〇丸とか〇〇助とかいったコミカルな名前が多く、特に人の名前とは関係が薄い。しかしごく少数であるが、「ひろし」とか「喜和子」とかこれはまったく人間と同じだと考えられる名前は、この中にふくまれていて、飼い主さんの思いが感じられる。

犬と猫には共通する名前は少なくない。チビ、タロウ、レオなどが典型的で、チビ、モモなども共通性が高い名前である。逆にほとんど犬にしか使われないのは、ジョン、ゴン、リキなどで、猫だとミー系統の名前とタマ、ミケ、チーなどである。オスとメスの違いでも、共通している名前は多い。人間の名前では男と女ではまったく違うから、ペットの特徴といえる。

「我輩は猫である。名前はまだない。」で有名な、夏目漱石は自分の飼い猫をネコと呼んでいたらしいが、これは名前をつけないことなのかと思っていたら、そうではなくて「ネコ」という名前なのである。これがじつは、一五件もあった。カルテに堂々と猫と書いてあったのである。そこで犬には、「イヌ」という名前があるのか調べてみましたら、でてこなかったところが、漢字の名前を調べたときに「犬」という名前を二件見つけることができた。読みは「ケン」で、これにはしばらくの間、うならされた。

まとめ

人が子どもに名づけるときには、少なくとも二つの要素がある。一つは、意味で、第二には呼び名である。日本人の名前の場合、漢字で意味を表現していると考えてよい。ペットの名前に、漢字が使われることが少ないことは、第一の要素である意味性が薄いことにつながる。漢字を使った場合でも、どこかコミカルなのは、あまり真面目に漢字で人と同じ名前をつけるには、どこかためらいが生じていると思われる。また漢字には、期待や希望がこもっているが、こうした要素は、ペットにはほとんどみられない。ペットに癒しを求めたり、頼られるのが好ましいと思う人は多いが、飼い主が将来を期待するケースは少ないのであろう。

人と共通する名前は、犬でも猫でも結構多いが、人の名前のなかでも、記号的・呼び名的な名前をペットにつけているとも考えられる。さらに、最近では、人の名前の方も、ペットに近づいてきているような気もする。これも人と共通する名前が多くなってきている理由であろう。

犬と猫では、犬の方が名前にこだわりがあるようだ。猫は音節も短いし、可愛いけれども呼ぶのに便利で簡単な名前になっている。その理由としては、犬の方に接触度が高いことや公園デビューのように人前で名前を紹介するケースが多いこと。また、外国産の純粋種が多いことで、どうしても外国系の名前が多くなること、大・中型犬が20％ほどを占めていて、最近になって急速に増えていることなども関係していると思われる。

猫の名前は、全体的には単純だが、ごく少数ケースで、妙に人間くさい名前が見られ、強い思いがこもっていて、この点で犬とは違っていることを付け加えておこう。

ペットの名前には、あくまでもそれらしさがこめられている。

第2章

動物愛護、生命の尊重

動物愛護管理法

動物愛護管理法が日本において成立したのは、二〇〇〇年である。正式には「動物の愛護及び管理に関する法律」（以下、環境省の略称にしたがって「（動物）愛護管理法」と呼ぶ）という。それまで法律が存在しなかったわけではなく、「動物の保護及び管理に関する法律」（以下、旧法と呼ぶ）が一九七三年に成立し、施行されていた。後に述べることになるが、動物の保護と管理という考え方は、ヨーロッパにおける動物保護法と対応している。それを抜本的に改正したのが、二〇〇〇年の愛護管理法である。

この法律は、一九九〇年代に、兎をプールに投げ入れる事件や同じく兎を教員が生き埋めにする事件が続いた後、凶悪な少年犯罪が連続し、それらの少年たちにほぼ共通して動物虐待の経験があったことから、凶悪な犯罪を引き起こす子どもは、動物を愛護し生命を尊重する視点に欠けているという発想に基づいて、実質的な議論がほとんどなされないままに、超党派の議員立法で急遽成立した。

法の精神からだけいうと、従来からある動物への管理を強化して、遺棄や放飼などを禁じるとともに、動物を生命あるものと規定して、この生命ある動物を愛護し、動物との共生をはかる社会をつくっていこう、とまとめることができる。

動物を愛護する

この法のもつ意味は多面的であるが、私はまず、「愛護」という考え方から検討を始めてみたい。というのは、同種の法律は、一九世紀に欧米各国で成立したもので、その多くの主要な目的が、積極的には英語では protection すなわち保護することにあり、消極的には虐待防止であるからだ。誰から保護するのかといえば、まさしく人間の残虐な行為から保護することにある。日本の愛護管理法の場合、残虐行為の制限といった範疇を越えて動物を愛護するといった、感情的な側面にまで踏み込んだ表現になっているのである。

一八二二年イギリスで成立した動物虐待保護法（マーチン法）の精神は、二〇世紀になって日本にも輸入され、一九〇二年広井辰太郎などを中心に「動物虐待防止会」が設立されている。牛や馬を御者などから守ることを主眼においた、まさにヨーロッパの直輸入だったようである。この会の活動は、広井が牧師であったことに象徴されるように日本のヒューマニストや社会主義者たちによって運営されたが、虐待防止という概念が日本の実情にそぐわなかったためか、広がりをみせず、一九〇八年動物愛護会と名称変更されている。動物と愛護という呼称とが結びついたのはこの時で、愛護の名称はその後、一九二七年、新渡戸稲造などの日本人道会が動物愛護週間を定めることにより定着したと考えられる。こうしてみると、そもそも日本では飼い主は動物を虐待していると考えていなかった可能性が高く、「動物を虐待することに反対する」という考えや運動は、飼い主の神経を逆なでするだけだったのではないかと思われる。動物を愛することぬきに守ることは成立せず、そこから出てくる観念・呼称が、愛護であったといえよう。そうして、この精神が二〇〇〇年、まさに二〇世紀末に法律の名前として復活したのでる。

凶悪犯罪と動物虐待

動物愛護管理法成立の直接的なきっかけとなった、少年犯罪と動物虐待の関連についてふれておかねばなるまい。凶悪な犯罪を引き起こす子どもたちの犯行動機が、動物虐待を行うことによって形成される、と考える人たちがいるようなのである。

神戸市の少年Aが動物虐待をしたことを、彼が凶悪犯罪を引き起こした原因にするのは、いささか利益誘導の臭いがする。確かに、少年Aに限らず、凶悪な犯罪を引き起こした子どもが動物虐待の経験をもつ例が多いのは事実であろう。しかし動物虐待は、犯罪の一つの過程に過ぎず、そのことが凶悪犯罪の要因となるわけではない。動物虐待は、犯罪の予兆であるかもしれないが、その原因は、もっと別の次元、家庭や学校、社会生活でのゆがみやストレスの蓄積と考えるのが妥当である。いいかえれば、動物虐待を強制的に禁止したり、教育したところで、なんらの犯罪抑制効果を生まないのである。

軍隊において、前線の戦闘のための訓練で重要なのは、相手を人間とみなさず、自分を殺しに来る「敵」であり、いわばカボチャとして銃弾を発射するようにすることだ、とグロスマンは述べている。少年Aの父母の手記にも、母親が発表会で聴衆をカボチャだと思えばいいのだと教えたとある。それまでかわいい存在だと思っていた動物を、そして弟のようにしていた土師淳君を殺すに至った過程に、カボチャ発言が関係していると思えるのだが、どこかの時点で、自分以外をカボチャとみなし、どうでもいい存在と考える過程に嵌っていったことがわかる。動物から、幼い子ども、さらに過程が進めば、自己のバリヤーはさらに狭まり、おそらく父母もが殺害の対象となりえたと、私は想像する。

少年Aの犯罪の理由は、自己の絶対化に嵌ってしまい、それを誰もが止め得なかったことにあるわけだから、動物虐待を禁じる、愛するこころを植えつけるなどといっても、犯罪の防止には役立たない。

動物愛護管理法は、子どもへの教育効果に有効な策を提案しなければならない政治家と愛護運動の推進者とが、このタイミングをとらえて、成立させた法律であろう。もとより、動物が単なる物として取り扱われなくなったことには、大賛成ではあるが。

生命・愛護・共生——動物愛護管理法の精神

愛護管理法の精神は、第二条の基本原則の条項に端的に示されている。それによると「動物が命あるものであることにかんがみ、何人も、動物をみだりに殺し、傷つけ、又は苦しめることのないようにするのみでなく、人と動物の共生に配慮しつつ、その習性を考慮して適正に取り扱うようにしなければならない」とされている。ここで注目すべきなのは「命あるものであることにかんがみ」「共生に配慮」という表現である。愛護や共生は抽象的な概念であるが、動物の生命は前二者より、具体性が高い。また、傷つけるは苦しめるよりも具体性が高いともいえる。

法の精神からすれば、動物を愛し、共に生きることを踏まえ、動物の命を奪ったり苦痛を与えるのをやめようということになる。

この法律で特筆すべきなのは、五年ごとに見直しを義務づけていることである。動物をめぐる世論や社会的動向が、いまだ安定していないなかでの立法であることを自覚しているのである。実際、動物の生命を重視しつつ、愛護センターへの引き取りを義務づけ、おそらくはほとんど殺処分されることを前提にしているなど、やむをえない措置とはいえ、どこが落ち着きどころかを模索しているといえよう。さらに指摘しておくと、ペットの飼育数がここ一〇年間に増加しているのに比べ、愛護センターへの持込み件数は減少しており、法の効果がそれなりに見えてている。

学校飼育動物

学校動物の飼育に見られる問題

生命を尊重する社会を形成するのが、日本社会の重要な課題となっているように見える。そこで問題にされるのは学校における動物との共生、具体的には動物の飼育である。歴史的には、ほとんどの小学校でなんらかの形で動物は飼育されていた。特に東京などの大都市ではその傾向は顕著であった。ところが、小学校での動物飼育は、つい数年前までなんらの位置づけなしに行われていたのである。一九九八年に「生活科」の学習指導要領において、動物を飼育するという項目が付け加えられ、曲がりなりにも公式に出発したことになった。

そこでは、目標として、「自分と身近な動物や植物などの自然とのかかわりに関心をもち、自然を大切にしたり、自分たちの遊びや生活に工夫したりすることができるようにする」と表現されており、内容としては、「動物を飼ったり、植物を育てたりして、それらの育つ場所、変化や成長の様子に関心をもち、またそれらは生命をもっていることや成長していることに気付き、生き物への親しみをもち、大切にすることができるようにする」とある。学習指導要領は具体的な項目を述べる場所ではないにしても、動物を飼育する場所や実施指導主体についてはは配慮はなされてはいない。

また、こうした教育課程を支えるべき学校教員の養成過程においても、動物飼育はなんらの準備をされていない。言い換えれば、経験のない、ひょっとすると動物の生態や飼育法をまったく理解していない教員が飼育指導を行うことになるのであり、実際そうした報告事例は多い。小学校での飼育形態はさまざまであるが、大別すると、飼育部をつくって生徒の希望者が飼育する形式と、クラスで飼育義務的に飼育させる形式とに分かれる。後者の場合は、教員主導で行われることから比較的問題が少ないとされているが、前者の場合は担当を志願する教員がほとんどなく、新任の教員にあてがわれるのが普通である。

さらに驚いたことに、学校飼育動物に関する歴史的研究はまったくないのである。わずかに、鈴木哲也氏が短文を「学校飼育動物小史」に寄せているが、そこで報告されている事例は、明治末から大正時代にかけての一例であり、しかも教授方法についての記録である。小学校における動物飼育は、明治以降の教育制度が確立して以来、程度の差はあれ、なんらかの形で実施されてきたと考えられる。にもかかわらず、そのことへの歴史的考察が皆無に等しいということは、何を意味するのであろうか。その理由を考えると、現在にいたるまで、おそらく総じて学校という空間は動物の存在を望んでいなかったとしか考えられないのである。

小学校をとりまく地域社会は、きわめて独特なものがあった。小学校は地域の集合の中心であったから、動物を飼うことへの要望があり、動物飼育施設が寄付されれば受け入れざるを得なかったのかもしれない。実際、戦後の飼育施設はほぼすべて父兄会による寄付によってまかなわれていた。おそらく動物飼育もかつての用務員や親によって担われてきたと考えられる。小学校の用務員が縮小され、組織が合理化されるにつれ、また地域のまとまりの拠点としての小学校の位置が低下するにつれて、その業務は半ば義務的に残存していたのであろう。

小学校における動物飼育の現状は悲惨であるとさえいえる。動物の特性も飼育法も知らない理解できない教員によって行われる飼育の結果は、汚くて病気もちの哀れな動物の大量生産にほかならない。動物愛護の精神を涵養するどころか、むしろ動物は汚くて、かわいそうな存在としてイメージされていくのではないかとの不安が湧きあがってくるのは当然であろう。

しかし、にもかかわらずといっておこう、動物と日常的に接触することが、子どもたちの情操によいと考える人たちは、主に各県の獣医師会と連携をとりつつ、学校飼育動物の環境改善活動を続けている。その歩みは遅々としているが、前進していることは間違いない。反面、その間、学校の動物たちがある種悲惨な状況に置かれていることを無視できない。

学校飼育動物を考えるにあたってはいくつかの輻輳した問題がある。第一には、理科教育における観察、実験に動物を使用することである。哺乳類を使うことはすでに行われなくなっているが、昆虫などの無脊椎動物を使うことの是非についてすら論議の対象となっている。第二には、ＡＡＥ（アニマル・アシステッド・エデュケーション）と呼ばれる動物を介在させた教育活動である。これは、教育現場に動物を介在させることによって、動物に関する教育を行うだけではなく、学級運営を円滑に進めるという目的にも使われるようになっていることである。第三に、施設が不十分で、動物を飼うことが下手な教員が指導している場合が多いという問題である。こうしたケースでは、動物が汚くて病気の原因となりうるし、また教育現場に動物を持ち込むことによって得られるはずの児童の情操の向上や生命尊重を育む教育の面からも効果がなくなるおそれがある。最後に、教員の負担が近年特に増えていることにより、教科以外のことに関してはできるだけ負担をかけるべきではないという問題だろう。こうした状況だから、学校での動物飼育には極端な賛否両論がでる結果になる。

一般的に言えば、児童や生徒に、動物という他者と肉体的・精神的に接触する経験を提供することが悪いはずがない。学習効果としてどれだけのものがあるかを飛び越えて精神的・心理的発達にとっても必要なことである。しかし第一章で明らかにしたように、子どもの教育のために家庭でペットを飼う人は少ない。動物を飼うという行為は、子育てが終わった、もしくは子育てをしていない人に多いのであり、学校での動物飼育に関しても、冷淡な親が少なからず存在することは間違いないだろう。

「生命尊重」とその「教育」

数年前、江戸川の土手を歩いたとき、たまたま母子が草原で遊んでいて、女の子がタンポポを摘もうとしたところ、母親が「花を摘んだらかわいそうでしょ」と制止したのを目撃した。葛西臨海水族園にいたとき、アメリカザリガニを釣ろうという催しを行った。動物を捕まえる面白さと外来種の問題をキャンペーンする目的を兼ねた催しのつもりだったが、参加者の母親から釣ったあとどうするのですかと聞かれて、絶句してしまった。多摩動物公園では、昆虫の行動を見せる番組で職員が実験を行っていて、カナブンにテープを付けて飛ばしてみせる実験があったが、あるとき投書が舞い込んだ。命の大切さを教える動物園が、そんな残酷なことをして良いのか、という内容であった。テープは虫に負担がかからないようになっていると説明したが、最終的には納得してもらえなかった。

命を大切にするという観念が肥大化していることを実感した次第である。

「生命尊重」の教育は、二〇〇二年度小学校学習指導要領の改正にともなって、生活科（1～2年）、理科（3～6年）、道徳のそれぞれの教科で位置づけられ、実施されている。時を合わせるように、環境省は、「家庭動物等の飼養及び保管に関する基準」を制定した。政府レベルでは、動物を教育現場や家庭などの社会で、その生命を尊重して適正に飼育する方針で一致したのである。

興味深いことに、小学校学習指導要領を検討してみると、上記の市民の生命観とはいささか食い違いがみられるのである。指導要領では、観察や実験をとおして自然への理解を深め、科学的な見方などを養うことが課題となっている。生命尊重はそうしたなかで生まれてくる感覚ととらえているようなのだ。ここには二段階の論理が仕組まれている。第一段階では、理科的センスをつける、動物や自然を理解する、そして第二段階で、科学的精神に基づき生命の大切さを身につける、という構成になっている。

ところでこの構成にはいささか飛躍があると思える。生命の大切さとは、生き物のいのちを奪わないことと理解され、その対象はすべての動物、場合によっては植物にまで拡大されているのは、すでに述べた。「動物や自然を理解する」科学的精神は、それを観察することだけでは不十分であり、ときに実験や飼育をともなうのである。日本人にとって「生命」ということばは、それをそこなうすべての事柄への否定に連続してゆく可能性がある。いいかえれば、科学的精神と生命尊重は背反する可能性があり、これを統一したものとしてとらえる教育は、きわめて高度な論理とテクニックが必要である。さらに言えば、日本人のパーソナリティ全般にかかわることでもある。

そのように考えると生命尊重は、理科的理解を強調するためのロジックとして位置づけられているとしか思えないのである。いや、理科ばなれに恐怖した文部科学省が、理科的知見を向上させるために、生命尊重をキャッチコピー的に持ち出したと推測できる。生命尊重は学校で教育的課題とするには、あまりに常識的でありながら、理解が難しく、したがって重い。本来的には人間を中心とした動物の生命であったのだろうが、範囲を特定するのは困難で、それゆえに無制限に拡大していく可能性を秘めていて、価値混乱の新しい火種を作り出すのではないか。文部科学省はパンドラの函を開けてしまったようだ。

痛みと生命

南極物語

一九五八年、日本の第二次越冬隊は南極での越冬を断念することとなり、例年より早く訪れた氷の海から撤退する困難な作業に立ち向かった。航空機やヘリコプターなどの輸送手段の貧弱な時代であった。やっとたどり着いた砕氷船も早期に撤退しなければ、氷の平面に閉じ込められて脱出が不可能になるため、最小限の資機材を積み、南極から離れなければならない。積み込まれるべき資機材のなかには、南極大陸で越冬隊の移動手段である樺太犬一五頭はふくまれていなかった。越冬隊は、彼らを南極大陸に放して、離陸することにせざるをえなかった。翌年、ふたたび日本の基地である「昭和基地」に戻った隊員たちは、二頭の樺太犬が生きているのを発見した。かくして、二頭の樺太犬、「タロ」と「ジロ」は、困難な南極の冬を生き延びることによって、この時代の英雄的動物となった。

一九八三年、この二頭の英雄犬を主人公にした映画「南極物語」が上映され、その後二〇〇六年、ディズニーによりリメークされ、ふたたび日本人のこころをとらえることになった。ところで、この時に、興味あるコメントを耳にしたのがこの問題を考えるきっかけとなった。そのコメントとは、「どうして殺さないで生かしておいたのか。南極に犬だけを放置して、撤退するのは残酷なことではないのか」というものである。タロとジロは昭和二〇年代生まれの私たちにとっては英雄的存在である。彼らが生き延びたことを賞賛する人はいても、殺すべきだと考える人はいなかった。こうした反応は、筆者にとっては驚きであった。同様のコメントを二人の女性からいただいたのだが、いずれも外国生活経験のある女性であったので、明らかに筆者とは感性を異にしたコメントは、時代の違いなのか、外国生活や文化接触の相違などとの関係があるのか、などの問題としてとらえ返す必要があると思われた。

他方、日本においては少年少女による残酷な犯罪が多発したことを受けて、生命重視の教育が声高に叫ばれている。また、動物愛護管理法も、神戸の少年A事件における事件の前兆としての動物虐待をきっかけにして、充分な議論抜きに法制化された。「生命尊重」という表現には、苦痛や虐待の忌避もふくまれると考えられるが、生命尊重と虐待の忌避とはどちらかが優先する二者択一的な概念なのか、あるいは並存する関係なのかかならずしも明らかではない。しかし少なくとも虐待による苦痛と生命そのものとを比較することが許されるのであれば、生命がより重視されるべきであることは、日本社会にとっては明らかである。西欧世界、イギリスに例をとってみると、キース・トマスは一七世紀にイギリス社会において動物に苦痛を与えることへの嫌悪の感情が徐々に強くなっており、特に上流社会においてその傾向が強くなり、動物への残虐行為に反対する際に苦痛の有無が強調されてきたと指摘し、これは先の二人の女性の表現とほぼ一致している。

このように、イギリス社会と日本社会においては、動物に苦痛を与えるおそれがある場合に直面したときに、生命を全うさせるように努力すべきか安楽死を選ぶべきかで判断が異なることが想定される。そこで現代日本人の反応と、ヨーロッパ、特にイギリスにおける苦痛意識の強調の歴史的形成を比較してみた。

いくつかの行動をめぐる判断について

現代の日本社会は、動物、特にペットの取り扱いをめぐる転換期にあると考えられる。動物をめぐっておきるさまざまな社会現象に対して、相対立する判断があり、そのあいだを右往左往しているとも考えられる。そうした諸現象を取り上げるところから始める。

（１）タロとジロ

動物が生き延びる可能性があるとき、それがどれほどの困難性と苦痛をもたらすとしても生かしておくか、それとも安楽死させるか。

このケースは、現在では当時とまた違った視点がありうる。たとえば、自然保護の観点からは、大型犬を捕食者のいない南極大陸に放置すれば、外部からの捕食動物の侵入による環境攪乱要因となる。ペンギンのようなかわいい動物を食べて生きるのはよくない、などが考えられるが、こうした視点は、当時の選択肢としてはなかったこともあり、除外して考える。あくまでも、苦痛が予想されるにもかかわらず置き去りにしたことへの現代での考え方という視点に限定して考察する。

（2）骨折した競走馬の安楽死

競走馬が競技中などに骨折した場合、馬主の了解を得て安楽死させるのは、競馬界のみならず、一般社会でも常識とされている。もはや競走馬としては再生不可能であり、したがって馬主に余計な負担をかけるという経済的な視点や、馬の骨折には蹄葉炎などの疾病がつきものであり、長く生き延びる可能性は低いといった獣医師的な視点も除外する。あくまでも一般的に了解されるか否かの視点に限定して考える。参考に述べると、動物園で骨折したキリンなどは、彼らにとって苦痛が大きく、完全に治癒することは不可能と知りつつ、安楽死を避けるのが普通である。生かす努力を放棄したまま、殺すということに現場が耐えられないのである。

（3）ペットの安楽死

老齢になり、起居が不能になったり、病気で痛みを感じていると思われるペットを安楽死させることは、やむをえないことと思われ、特に多くの臨床現場では推奨されるようになってきている。他方、生命を全うさせるという倫理は、日本人の間には伝統的に確固として存在するのであって、とりわけ人間の生命を考えると顕著である。動物の生命については安楽死が許されるのかというのがここでも問題である。

（4）愛護センターへのペットの持込み

飼育が不可能になった動物を捨てることは、法律違反行為となっており、またその場合は愛護センターに持ち込むことが義務付けられている。しかし、自分で捨てるのを嫌うとしても、愛護センターに持ち込む段階で、ほぼ殺処分されることが想定されているのであって、飼い主の倫理的・道義的な悔いの気持ちは残るであろう。飼い主の事情や環境の変化など、やむをえない理由があることや大多数の共同住宅ではペットの飼育が許容されていないことなどの周辺事情があったとしても、こうした社会的でありかつ個人的な背景はふくめないで考える。

（5）去勢と避妊

野良猫の増加とその苦情への対処策として、野良猫の去勢、避妊を積極的に進める人が少なくない。行政への働きかけにより地域猫として活用されるケースや、自腹を切った獣医師による去勢・避妊を受けるケースなど、今や去勢と避妊は社会的に認められた行為となりつつある。他方、去勢・避妊される猫への同情など疑問を呈する人も少なくない。

室内猫への転換などの解決策もありうるが、今回の考察では、解決策としての飼育形態の転換は除き、去勢・避妊への是非に焦点を当てる。

（6）解剖と実験

実験に動物を使用することへの反応は、その目的が何であるかによって異なると思われる。科学・医療など社会的有益性の高いもの、商品開発のため、専門系大学での技術と知識の習得、小中学校での知識習得から趣味の昆虫採集まで多様であるが、ここでは科学・医療など社会的有益性が高いと判断されている実験に対象を限ることとする。

また、動物によっても異なると考えられたため、猿と昆虫、魚などを対象として考察する。動物愛護管理法では、不必要な苦痛を与えることが禁止されているが、今日、一応そのようなケースはないものと仮定して進めることとした。

日本人の生命への思い

前述したことがらについて高校生、大学生、社会人にアンケート調査を行った。

（1）タロとジロ

学生は、この話をほとんど知らないことがわかったが、タロとジロを生かして残してきたことへの拒否反応はほとんどない。一般人は、ほとんどが生かしておいたのは正しいと考え

図-1　南極物語
—タロとジロを安楽死させるべきだった

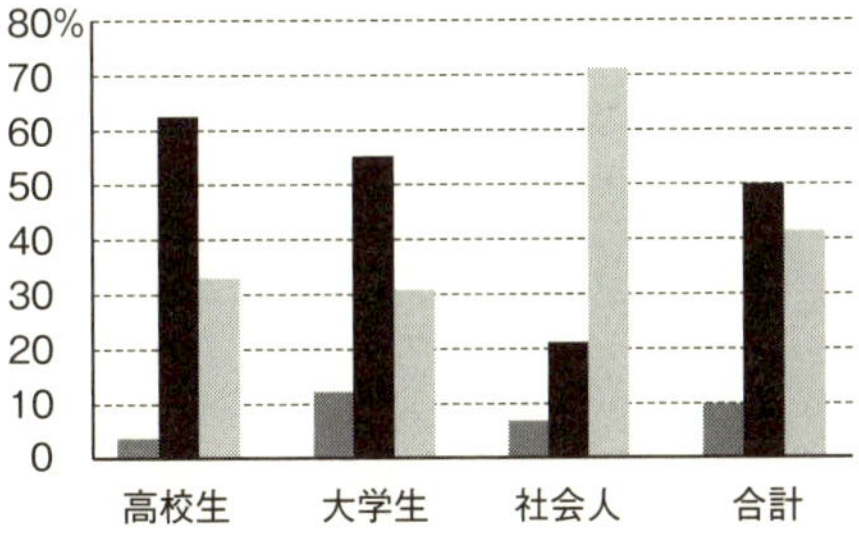

図-2　骨折した競走馬を安楽死させること

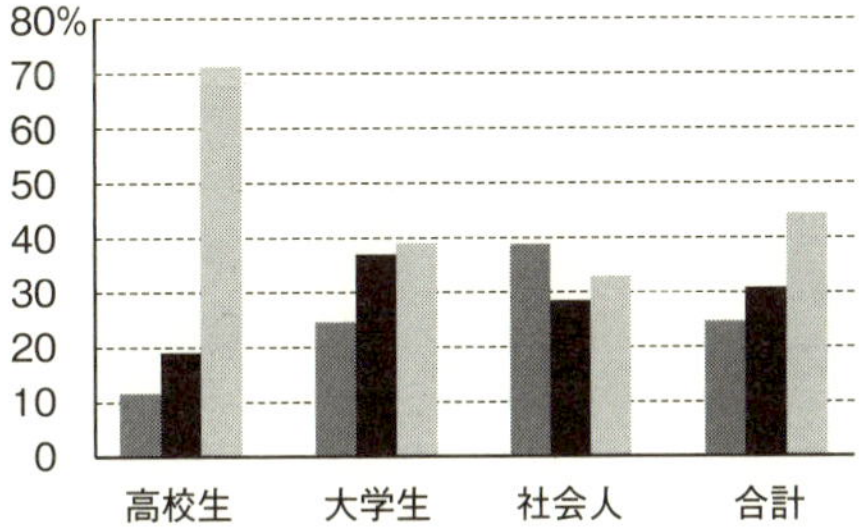

図-3　老衰したペットを安楽死させる

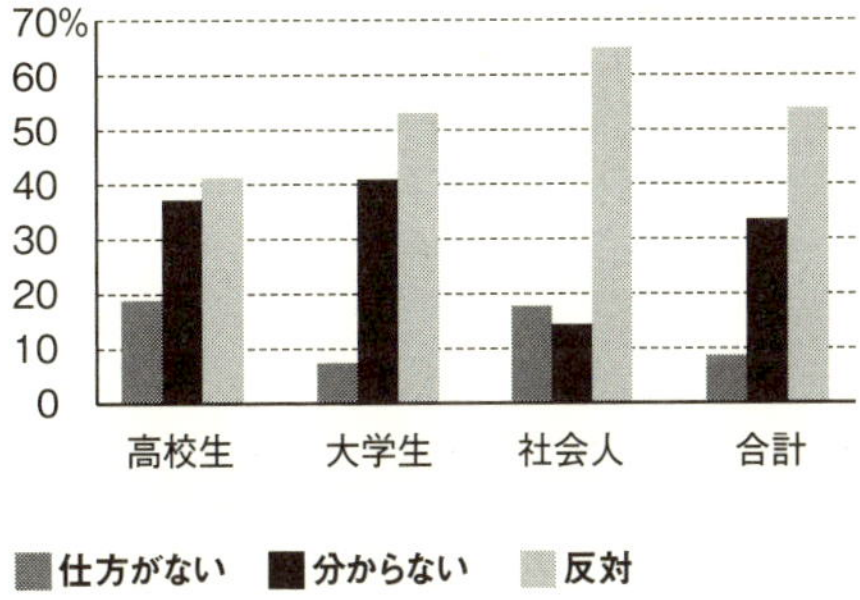

ており、残酷さを感じる以前に、生き延びることへのかすかな期待と、その結果としてなんとか生き残ったことを賞賛する感情が多数を占めていると思われる。

(2) 骨折した競走馬の安楽死

この問題には、どの世代においても賛否が分かれた。競走馬の世界では常識化されていても、なにかしら納得しがたく、釈然としない感情が残され、安楽死への大多数の了解はとられていないように思われる。

(3) ペットの安楽死

安楽死には反対が圧倒的であり、特に社会人には顕著である。仕方がないと考える人は少数であると判断できる。

治療不可能なペットと老衰したペットでは反応に違いがあった。治療不可能なペットの安楽死には賛否同数程度であったが、老衰にははっきりと反対の姿勢が見られた。

(4) 愛護センターへのペットの持込み

愛護センターに持ち込まれたペットのすべてが安楽死させられるわけではないことからこの設問をした。60~70%が反対ではあるが、事情にやや詳しいと思われる大学生は「仕方がない」という回答が多い。やはり安楽死とはいえ、殺処分であることに変わりないのであり、殺すということに抵抗が見られる。

（5）去勢と避妊

野良猫の去勢・避妊については、過半数が賛成しており、ほぼ市民権を得ていると考えられる。江戸時代の日本人は、雄馬の去勢も行わなかったし、中国や韓国にある宦官を導入し

図-4　愛護センターへのペットの持込み

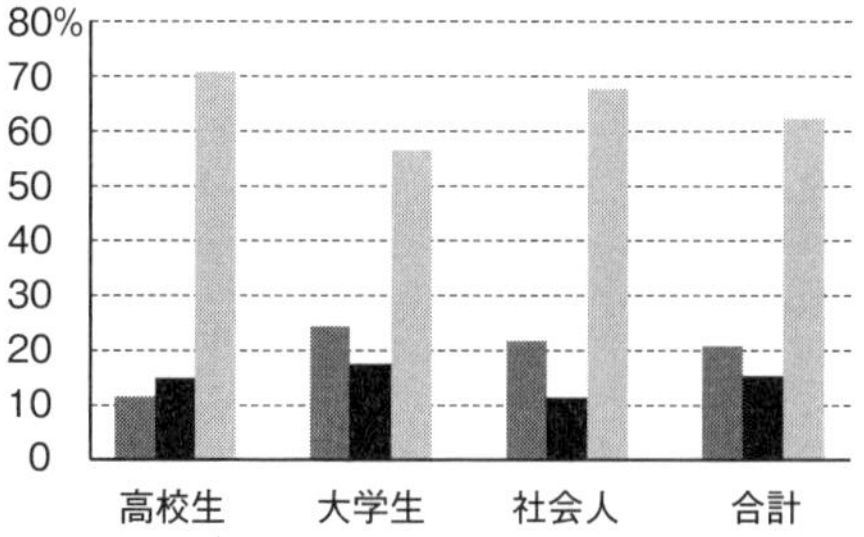

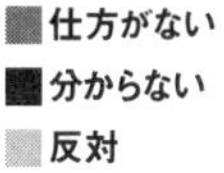

図-5　去勢・避妊はしてもよいか

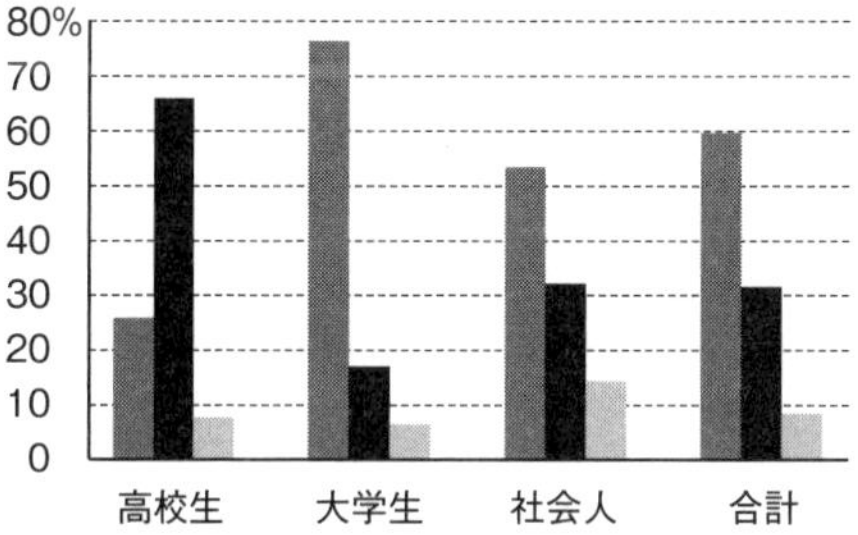

図-6　サルを動物実験に使うこと

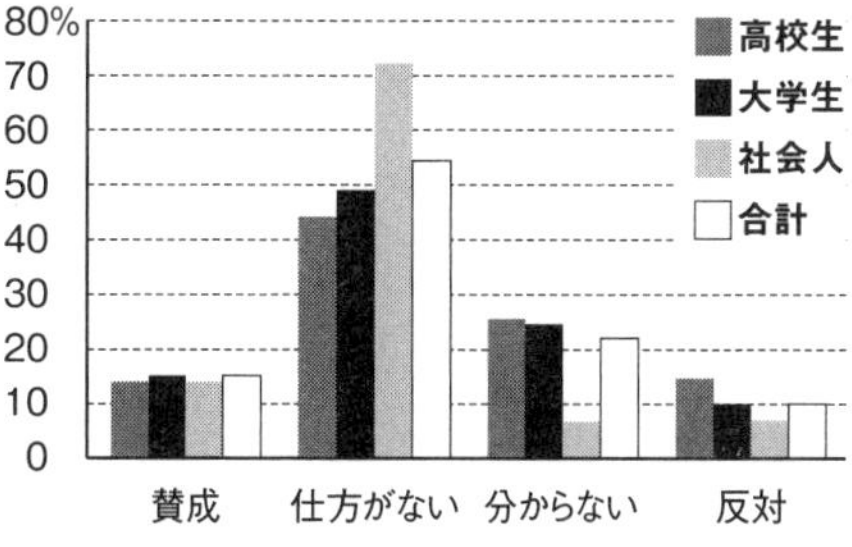

なかったことが知られているが、人や動物の体を加工することに忌避感がある。しかし野良猫の去勢はこうした伝統的な動物の取り扱いを超えて、着地している。野良猫の被害や苦情、たとえば、尿、泣き声、植木・盆栽などの被害、放置される子猫、野生動物への影響、やせ細ってかわいそうな猫に給餌するなど、問題が大きくなってくるにしたがい広く市民に知れ渡り、了解を得るに至ったと考えてよい。

(6) 解剖と実験

科学的な実験に使うことには、「仕方がない」という回答が多かった。しかし猿、魚、昆虫の三つの動物種の間では、違いが見られなかった。猿と昆虫が同様に判断されているのは興味深い。

これらの調査結果によって、日本人の痛みと生命への意識を結論づけるのは早計であるが、おおむねこうした感覚をもっていると指摘できるし、「安楽死」ということに対する忌避、苦痛を与えても殺すのは忍びない心性をみることができるのである。

イギリス人の痛み

欧米人の動物観、特に痛みと安楽死にかんする報告は多数見られる。民族、国や宗教によってそれなりの違いも見られるため、イギリス人に絞って既往研究からみていくことにする。よく知られているように、一九世紀以前のイギリスにおける動物遊びは多様多岐にわたり、ほとんどすべての動物種がその対象となっており、また知る限りでは遊びといっても動物虐待に類するものである。

他方、イギリスは動物の虐待防止にかかる法制度の確立の先進国であり、ヨーロッパ諸国は、イギリスの動物法に追随して動物関連法規を整備したといってもよい。

使役家畜に対する残酷な仕打ちを禁止することに始まったイギリス社会の動物虐待への禁止は、次第に家畜全般とペット、野生動物へとドラスティックに拡大していく。この転換は一九世紀中期から世紀末までのビクトリア朝において確立されたというのも定説になっている。そして、なにゆえにこうした大転換が起きたのかについても、ターナーやトマスの研究によって明らかにされていよう。そこにおけるキーワードは、虐待、苦痛、啓発、中産階級、都市型倫理の確立である。イギリス社会の変化、ビクトリア朝の政治思想などこの大転換に関係する全般的研究は、彼らの諸研究成果を見てもらうことにして、ここにおける問題は、政治や社会を動かすにいたった倫理的、感情的側面である、苦痛への忌避感である。

本題に入る前に指摘しておかなければならないのは、この大転換は、宗教的モラリスト、都市中産階級、女性の感情を基盤にした大運動によってなされたことだ。一八二二年マーチン法、正式には「畜獣の虐待および不当な取り扱いを防止する法律」が成立した二年後に

「動物虐待防止協会」が設立され、マーチン法の執行を担ったのである。日本の法体系に対する常識的理解とは離れるので説明しておくと、民間団体である「協会」職員が、制服・制帽をかぶり、動物虐待行為を摘発し、それを地方判事が裁くという、いわば警察権・行政権の一部を運動団体が担ったということである。

動物への虐待行為は、人間の性格を残忍にするという観点から、これを防止すること、すなわち人間のための虐待防止が当初は目的とされていた。動物虐待に反対することと動物の痛みを忌避することは必ずしも同じ観念ではない。動物虐待をしていると人間性がゆがんでくるというのがマーチン法成立のきっかけであった。これに加えて、動物虐待を見たくないという考え、さらに虐待されている動物をかわいそうだと思い、そこに感情移入するという媒介なくしては、この両者はつながらない。ターナーによれば、動物の苦痛を忌避する傾向は、マーチン法の成立とほぼ並行して醸成されていったという。動物を虐待した人間の内面を是正し、悪くなるのを防止することから、そのことによって受ける動物の苦痛を忌避するように変わってゆき、さらに苦痛を忌避するには安楽死も否定しない、と転化していったと考えられる。

ではなにゆえに、ヨーロッパ社会、特にイギリス社会では痛みを忌避し、死よりも重視するのか。この理由について、ターナーはかならずしも明らかにしてはいない。しかし、キリストの処刑の図を思い浮かべてみよう。おそらく日本人には、キリスト処刑の図が教会のみ

ヨーロッパ動物関連法の展開（典型的な例としてイギリス法）

1809　アースキン法提案＝荷役動物（⇔動物をいじめる人心の荒廃）⇒否決
動物は人間のためにつくられたが、虐待されるためにつくられた
わけではない
⇔反対理由：処罰は下層階級、残虐なスポーツの放置、
道徳に関与しない。

1822　マーチン法の成立
残酷な取り扱い：馬、ラバ、ロバ、牛、羊、その他の畜獣

1824　王立動物虐待防止協会（1840/RSPCA）の成立
動物虐待行為の告発⇔調査員の配置の増加＝多くは「馬」

1835　動物関連法（荷役動物、動物いじめ、動物闘争）
⇒罰金、留置　＝虐待行為、不必要な苦痛、道徳的堕落、
臣民の財産と生命、牛いじめなどスポーツ動物の虐待への反省

1849　動物虐待のより効果的な防止のための法律
⇒虐待行為をもたらす行為にも刑が及ぶ、動物の輸送について

1854　犬の虐待防止⇔犬による牽引の禁止

1876　動物実験の制限
⇔苦痛を伴う動物実験への規制⇒「麻酔が切れた後に苦痛が
存続する場合、動物を殺すこと」目的と許可制、脊椎動物全般
（特に犬、猫、馬、ロバ、ラバ）

1911　動物保護法の完成形
⇒虐待、苦痛、残酷、闘争、いじめ、有毒物、人道的な手術、
不適切な移動

- 殺処分＝生かしておくのが残酷と判断される場合
- 屠殺すべき動物を殺さないと罪になる
- 狩りと屠殺は除外されている

虐待の範囲：打擲、酷使、闘争、いじめ、給餌なしの閉じ込め、
屠殺しないこと

1849　不適切な輸送
1876　不適切な動物実験、
1911　包括化
2006　動物福祉法

ならず、家庭にまで入り込んでくることには違和感があるだろう。究極の痛みともいえるキリストの処刑図が、生まれてからずっと視界を漂っているのである。これは確固とした宗教思想に裏打ちされた観念というよりもむしろ、「ヒトにインプリントされた」宗教的感覚と考えるべきではないだろうか。

考えてみれば、死の後に天国に召されるというのも、宗教的感覚として定着している可能性がある。言い換えれば、死は天国へいくことであり、かならずしも忌避されるものではないのかもしれない。むしろ現世において、苦しみ生きていくことのほうが、より避けられるのはこのためではないだろうか。こうした感覚がインプリントされていることが、死と苦痛を分ける分水嶺と思われるのである。

明治・大正・昭和戦前の日本

明治維新によって「文明開化」をめざした日本社会は、少なくとも都市においては行動から思考にいたるまで急速に変貌した。かつてはしてはならないとされた動物肉食も完全に解禁されたし、野生動物を見つければ追いかけて遊び、帽子や毛皮など動物利用も盛んになった。「うさぎ追いしかの山」とさりげなく唱歌にうたわれる行為も明治維新ならではの歌である。要するに明治維新によって、かつてのタブーのほとんどがなくなったとだけ指摘しておくにとどめる。

これらの観念にとって変わったのは、科学であるとされる。日本人にとっては、死すればすべて無く、生こそが至上の観念であり、それに比べれば痛みは生の範囲内であるという唯物的思考であろう。しかしこの観念は、人間の生命を重視することにあり、それゆえに、人間と細々とではあるが連続的な関係を保っている動物の生命を奪うことへの、なんらかのうしろめたさを残すことにほかならない。動物と人間の間に絶対的障壁を設けて、動物には何をしてもいいというようにはならない。科学を重視すれば人と動物の間に絶対的は違いを見出すことは不可能であるからだ。こうしたうしろめたさと凶事が重なれば、そこに心的な関連性を見出す根拠となるのではないか。筆者らの調査による現代日本人にある「宿神論的態度」保有者の心情はこのようなものである。

動物をなんらかの実用に供し、消耗させ、死に至らせれば心性は傷つけられる。傷つけられた心を癒し、慰撫するにはある種の儀式と時間を要することになる。この場合、苦痛を与えるのもこれらの対象となるであろうが、死という事態の前ではレベルの低い事象として考えられよう。かくして、なんとなくおさまらない感情を収束して、平静心を保って生活を続けていくには、慰霊やお祓い、鎮魂が必要であり、時間もそれを手助けしてくれる。このようにうしろめたさを完全に払拭できない行為としての動物の利用は、それをなだめ、ゆっくりと忘れてゆく過程が存在しなければならなくなってくる。そして、それを社会的に執り行うのが、慰霊祭やお祓いなどの儀礼的行為なのではあるまいか。

お祓いとキリスト教のインプリント

動物園に勤務していた折に、飼育動物の死亡が連続したことがある。特に気候的な問題や技術的な問題があったわけではなく、単なる偶然としか考えられない。その時、ある若い職員が「お祓いをしましょう」と提案したことがあった。個人的にはお祓いの効果を信用しているわけではないので、その旨伝えたところ、気分をさっぱりしたいとのことであったので、そのまま見過ごしておいた。気分転換であれば、それはそれでいいのだろう。

筆者の勤務していた職場に多摩動物公園があるが、そこでは開園以来二〇年ほど慰霊碑がなかった。不思議に思って理由を尋ねたところ、有力な管理者がキリスト教徒であることから設置しないということであった。その管理者が転勤したあと慰霊碑は設置され、毎年九月の彼岸には慰霊祭が行われている。

こうした宗教的であり、かつ民俗的でもある慣習は、日本人の感情をなだめるのに役立っているようだ。

ヨーロッパにおいても、熱心なキリスト教者はごく少数にとどまって、おおむねは形式化し慣習化した宗教行為が多くなっているとのことである。しかし、あのキリストの処刑画は、日本人には強烈な印象を与える。あのような画を、毎日とは言わないにしても毎週のように見せられれば、なんらかの印象がインプリントされるのではないか。

これまで、ヨーロッパでも日本でも宗教が人に強い影響を与えることはほとんどないと考えてきたが、宗教的慣習とかのなにげない光景は、心の奥底に感性的に着地していくのではないかと思われる。

こうして日本人とイギリス人との間では、動物の生命（Life of Animals）を大切にするという考え方と動物の苦痛（Pain）を嫌うことに相違が見られる。イギリスでは、一九世紀前半から動物への残虐な行為に対する法的な規制が加えられるようになったが、それは主に動物の痛みを配慮したものであった。日本においては、動物を殺さないことが、動物への配慮においてはもっとも重要な視点になっている。したがって、イギリスでは動物に苦痛を与えるよりはむしろ安楽死を選択する傾向にあり、日本では多少の苦痛をともなっても生かすことを選択する傾向が見られる。これらは苦痛に対する両者の感覚的相違に基づくものと見られ、さらにその根拠は、キリストの処刑画にインプリントされ、また苦痛をうけるよりは、天国に行くことを選ぶ観念と関係していると考えられる。

餌を与える、世話をする

現代日本人の動物観のキーワードとして、かわいい、ふれあい、いやし、かわいそうなどをあげることができる。かつては犬猫小鳥魚にほぼ限定されていたペットは、およそ可愛いとされる動物ならすべてに拡大されている。こうした動物たちとのふれあいは、豊かで心地よい生活をもたらし、疲れた心を癒してくれる。また動物の不幸な状態、いじめ、絶滅などはかわいそうな感情の対象とされる。

こうしたキーワードが好まれるのはなぜであろうか。そばに動物がいてほしいという欲求からは、身近に親しめる存在の欠如が考えられ、同様にふれあいについても触れ合う対象の欠如がすぐに思い浮かぶ。癒しを求めるのも、ゆったりとした社会と生活が失われていることかもしれない。動物の不幸な姿は、そうしたことを見たくないといった感情に訴える。

このような感情や行動の変化は、何か新しいメンタリティが日本人のなかにおきているのであろうか。このことを考察するにはむしろ、かつてこれらの対象となっていたものは何か、を考えてみるほうがいい。

動物に餌を与える行為は、相手の関心を引くとともに、相手が喜ぶのを見てうれしくなることに発していると思われるが、現代では他人の子どもにお菓子を与えたりすれば、たちどころにその親に反感をかってしまう。

身近に癒しを与えてくれる人は少なくなってきており、癒し系といわれるタレントなどがもてるわけもわかる。翻って、直接見たくない、したくないという行動の範囲は拡大している。かわいそうの感情の肥大化は、その結果ではないか。

動物観から現代日本社会をみる限りでは、「愛すべき」対象としての小さな子どもの欠如をペットで穴埋めしているようだ。同時に死んだり、あがいたりする生臭い動物や生命への距離は、ますます大きくなっており、動物への精神＝実用的なかかわりを求める傾向にある。

動物園のキリン

筆者は動物園で三〇年ほど勤務していたが、その間キリンの脚が骨折するケースが三度あった。野生ではキリンがすわっているのはほとんど観察されないが、動物園では捕食者がいないことから、しばしばすわるのが観察される。ふたたび立ち上がろうとするときは、まことに不器用な立ち上がり方をする。後肢をおりまげて膝のように見えるくるぶしでささえて、それからおもむろに前肢をのばして体重を前にかけ、一気に立ち上がるのだが、まことにあぶなっかしい。要するに急に立ち上がると後肢を痛めることがある。また、あの細い脚で重い体を支えていることから骨折する危険をはらんでおり、骨折すると治療は困難をきわめ、長生きするケースは稀である。

キリンが骨折したとき、飼育課長などの管理者は、獣医師と相談して、できるだけの治療を行うことを決める。この際、すこしでも可能性があるのだから、ということが判断の根拠になる。キリンは想像以上に力が強く立位のままでの治療は困難であるから麻酔をかけて、すわらせてから治療に入る。骨を固定させて、ギプスをかためるまで、数時間、十数人の職員が首をおさえている。麻酔をかけても、体が反応して首を動かしてしまうことがある

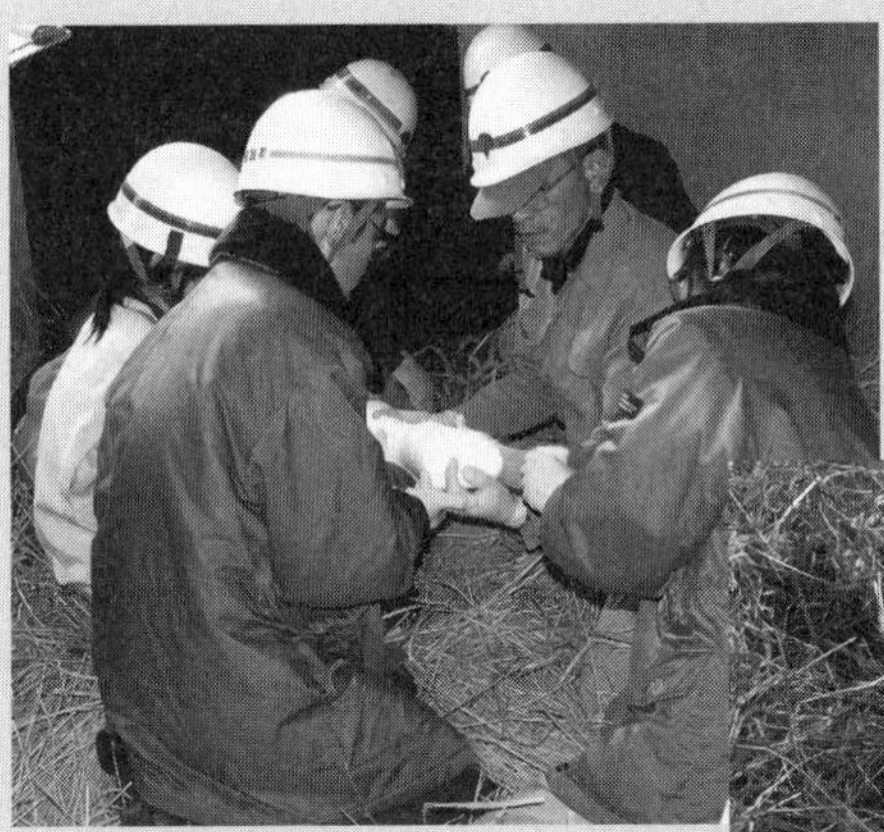

職員が協力して
キリンにギプスをはめる
（写真／多摩動物公園）

ギプスをはめて立つキリン

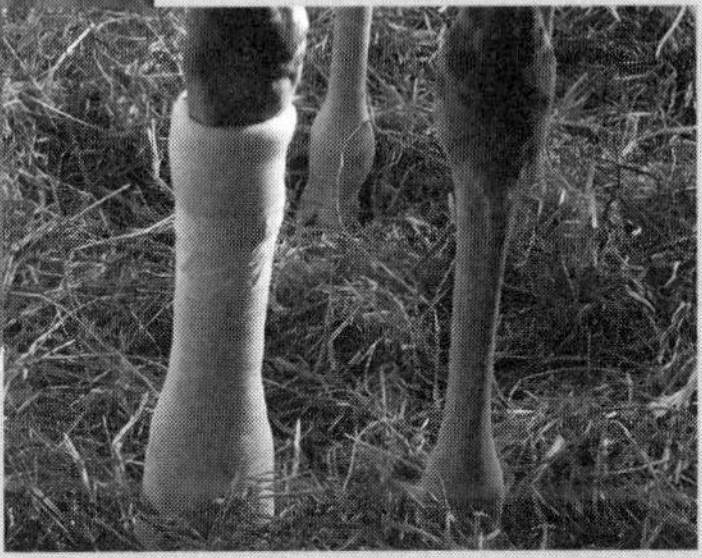

からで、そうなるとせっかくのギプスがずれてしまうおそれがある。それから、麻酔のさめるのを待ち、職員がキリンから離れるとキリンは立ち上がろうとする。ここが勝負どころで、すでに述べたようにまことに不器用に立ち上がり脚全体に体重がかかるから、下手をするとギプスがこわれてしまう。こうしてギプスを固定しても、患部はなかなか安定しないし、筋肉が壊死をおこすこともある。治療が成功して、走行できるケースは稀である。数日間こうした治療が行われるが、獣医師や飼育職員としてはなんとか助かってもらいたいと感じているから、体力や気力の限界まで治療を続ける。

治療を断念するのは、キリンの病状が悪化して、職員の気力が限界に達し、集中力が欠けてキリンの首にふりまわされて二次災害がおきる可能性がでてくるからで、ここの判断は現場の責任者である飼育課長が行うのである。こうした過程は、キリンの病状と職員がここまでやったという納得の過程でもある。

第3章

動物を食べる、もしくは食べない

動物をめぐる動き

明治以降、戦後にいたるまでの動物観には大きな変動が見られない。素直に科学的知見を受け入れて、ゆっくりと科学的知見が日本人に浸透していき、動物との関係はごく冷めたものになっていったと考えられる。農村社会は、時間を経るにしたがい縮小し、都市社会へと移行していく。野生動物への感覚も次第に後退していき、都会では野生動物とは接触できないというのが常識となっていく。他方、ペットは増加し、動物園などの都市施設が受け入れられ、珍獣が来るたびに話題を呼ぶといった事態がおきる程度の変化しか見られないのである。動物を何かしらの予兆としてとらえ、動物に対する不潔感、自ら動物に手を下すことへの忌避感情などは、うすぼんやりと遺存してはいる。いずれにしろ動物との関係には、どこか疎遠な感情が見え隠れするのである。

ジャイアントパンダが来園したころ、一九七〇年代が変化の兆しであっただろうか。公害や大規模開発など自然環境が悪化したことへの反省の声が高まり、自然保護思想が徐々に浸透し始め、野生動物の存在は、環境保全の象徴として機能した。野生動物がにわかに注目を浴びだした。

ペットをめぐっては、ここ数年のうちの変化が大きい。ペットを家族の一員として考えたいとか、ペットがいると生活が豊かになると考える人たちが急増している。動物にいやされ、かわいらしさや苦境に陥った動物をかわいそうと思う感情が巷にあふれてくる。この予兆としては、矢ガモ、カルガモ騒動、タマちゃん騒動などをあげることができよう。

また動物園などでは、ふれあいコーナーや餌をあげる、動物の面倒を見ることへの需要が高まっており、これまで小さな子どもへのサービス要望しかなかったものが、大人も積極的に参加するようになってきている。

動物をなんらかの神秘性をふくんだものとして考える傾向も、ささやかではあるが上昇していると思われる。科学の絶対性への疑問が、こんなところにも影響しているのだろうか。

肉を食べる

動物を食べるという行為は、人間にとって根源的な行為である。人間は生態学的にいっても消費者であるから、他の何者かが生産してくれたものを摂取することによってしか生きていけない。動物は、生産者である植物とそれを食べる動物を、食べることによってしか生きていけないのである。また、消化器官の中に、植物のセルロースを分解する分解者が不足している人間は、動物性蛋白に多かれ少なかれ依存するのがもっとも有効な手段であることはいうまでもない。

明治維新は日本人の肉食への解放を行ったターニングポイントとして特筆される。明治四年（一八七二）、天武年間から千二百年も続いてきた法制度としての一連の殺生禁断令は廃止され、引き続き明治天皇は、自ら洋食を食べることを国民に知らせるというパフォーマンスまでやってのけたのである。いやむしろ、天武年間から始まり天治年間まで断続してだされた殺生禁断令と呼ばれた一連の政策が、長い時間をかけて日本人の生活に着地してきたことのほうが、重要かもしれない。しかし本書のテーマは、現代日本人であるから、ごく簡単に、殺生禁断令にふれるにとどめておこう。

殺生禁断令

天武年間にはじまり延喜式において制度化された殺生禁断令の経過については、表を掲げておくのでそれを参照されたい。繰り返し同じような禁令がだされていることを指摘しておこう。

ところで、天武天皇が禁断令を発した当時の発令意図については、飢饉や厄災への鎮魂説、仏教の影響、農耕政策の推進などなど、歴史家の先達の間で議論が進んでおり、またその後の一連の政策についても、日本史家の平林章仁氏が詳しく分類し解析しているので、ここではふれないが、奈良時代末期までは、殺生禁断のなかでもとりわけ食肉の禁忌は定着していなかったことと、食肉よりむしろ屠畜の方が嫌われているという印象をぬぐえない。その後の肉食を避ける風習の定着も、兎や狸など野生動物にはあまり適用されていないことなどを考慮すれば、大動物を殺すことを嫌がったことから始まり、食肉禁忌が次第に定着していったと考えるのがよいのではないか。

上記の諸説にもかかわらず、言い換えれば、当初の意図が何であったかとは別に、古代から中世、近世にいたるまで、仏教・神道思想と結合して食肉への禁忌を形成し、稲作中心の農本政治を確立したものという認識にはほぼ異論はない。江戸時代末期もしくは少なくとも一九世紀に入るまでは、食肉は一部の例外を除いては、社会的にまっとうな行為とはみなされていなかった。ちなみにここでいう肉食とは、鯨や兎、鳥、魚、昆虫などをふくんでいない。ほぼ陸上哺乳類に限定された動物食ととらえていただくことにする。陸上哺乳類は、大別して家畜と野生動物とに分けて考えてよいが、個別の動物に対する対処のしかたについては折にふれて述べていくことにする。

いずれにしろ、政府による殺生禁断令は、古代からの食肉習慣を短期間に根絶することはできず、繰り返し同様の禁令を出しながら、他の政策ともからみあって長い時間をかけて土着的に浸透していく過程でもあった。

江戸末期に近くなると極東をめぐる帝国主義列強の動きが強まってきて、その反映であろうか、寛政八年（一七九六）、日本で最初の蘭和辞典「ハルマ和解」が出版されたこともあり、オランダから各種の書籍が多量に入ってくるにしたがい、西洋の食事、とりわけ肉食が栄養的にも優れていることが流布されるに至るあたりから、肉食が部分的ではあるが見られ始める。こうして肉食受容の準備は整えられていった。

肉食の奨励

明治維新後一転して食肉奨励策が進められた。直接のきっかけは、西洋人と身近に接触した明治政府要人が、西洋人の体力と気力の強さに圧倒されたことにある。彼らの体格が、五尺そこそこで、筋力も貧弱な日本人を圧倒し、また蒸気船や武器、多様な商品が科学技術のたまものであることに圧倒された。後に、ヨーロッパに訪問する要人たちは、そこでさらに高度に発展する様子を、博覧会や生活の場で見させられる。そして、その原因の一つに求めたのが活力の出る肉食であった。肉食は、文明開化策によって西洋様式を日本に全面的に導入することの一環としての意味をもったのである。

殺生禁断令の略年表

675（天武4）	牛・馬・犬・猿・鶏の肉を食べてはならない（令）（→676年説）
677（天武6）	諸国の生き物を放つ（放生会）→以後、放生頻繁
721（養老5）	仏教にもとづき「鷹司の鷹と犬、大膳職の鵜、諸国の鶏と猪を放て」
728（神亀5）	鷹の飼育の禁止
730（天平2）	鹿・猪の乱獲を禁止
741（天平13）	牛馬屠殺者は、杖打ち百のうえ、罪を問う
752（天平勝宝4）	1年間魚類もふくめ殺生の禁止、ただし籾2升の給付←→大仏開眼
764（天平宝字8）	鷹・犬・鵜による狩、猟を禁じ、鳥獣の肉や魚の進上を停止
783（延暦2）	桓武天皇、鷹狩りを復活
801（延暦20）	「牛を屠して神に祀るを禁ず」（例外：諏訪神社）
812（弘仁3）	屠殺の禁止
814（弘仁5）	屠殺の禁止
927（延長5）	延喜式にて穢れを規定：人死・産・六畜死・六畜産・食宍
	●鶏の飼育、魚食が盛ん。次第に肉食は少なくなる。 穢れの固定＝食肉、犬 犬の穢れ：清掃、人糞、捨て子処理、糞など犬のもたらす穢れ ●病気治癒、旱魃、飢饉、不幸→殺生の禁止、反面、神に供えた →無効の勅令 （渡来人による食肉） ●耕作に力を入れよ、灌漑、勧農 ●皮革製品は必須（東国から、蘇と皮革の献上を求める）
1125（天治2）	諸国に殺生禁断を命ずる（すべての殺生の禁止＝初めてで最後）

肉食が奨励されたからといって一般庶民の中に一気に肉食が普及したわけではない。当然のことではあるが、そもそも対象となる牛、豚、などの食肉家畜が充分に生産、供給されるわけでもなく、当初は従来からの鶏、牡丹（猪）、桜（馬）、もみじ（鹿）などの肉食が中心だった。またいっぽうでは北海道の酪農振興に見られるように、肉獣の生産量を増やしていくとともに、国民のなかに根付いていた肉食禁忌への観念が取り除かれる過程を経て浸透していった。

明治初期に食肉習慣を都市民へ普及するのに寄与したのは、牛鍋の流行であろう。幕末から明治初年頃に始まった都市内での肉鍋店の隆盛である。また、政治的制度としては明治六年（一八七三）の徴兵令から、国民皆兵の制度であろう。すべての成人が、軍隊に入り、同じ食事をすること、そのなかには少量とはいえ肉類がふくまれていた。しかし肉食の内容としては、鍋料理という従来の日本食を踏襲しつつ、その食材として新たに牛、豚などが付け加えられたのが特徴としてあげられる。またカツなどの衣を付した日本的料理形式を媒介として始めて肉食の普及が進められたといってよい。ビフテキなどの血のしたたる生肉を使った料理の普及には時間がかかったのである。

この時点において、日本人の食のタブーはほとんどなくなったといってよい。明治以前においても、鶏はもちろん、兎、鯨、魚などの水生動物のほとんどは食べる対象として食卓に上っており、地方では狸や狐などを捕えて食べていたし、都市においても食肉店「ももんじ屋」が、色町や街道筋には出現している。しかし、これらの食肉をするのは治療としての滋養、遊郭に上るなどの強壮など、特別の行為として行われていて、陰に日向に指弾の対象とされ、言い訳を必要とする行為であったことは明白である。またここで食べられた動物たちの多くは野生動物であり、食肉家畜は、近江牛の味噌漬けや薩摩の黒豚など特産品を除けば、一般的ではなかったといってよい。

明治から大正、昭和の戦前までの時期は、肉食へのタブーが解かれ、それが国民間にゆっくりと浸透していく時間として特徴づけられる。しかし、国民的な食肉が行われるには供給量、価格などの面で、いまだ充分ではなく、兵隊時代に何度か口にはした、ハレの場、東京に出たときに食べる、などの非日常的行為であった。大勢としては相変わらず食は米を中心として野菜、そして魚が付け加えられ、農本主義的政策が、日本の食生活を支配していた。食文化史の側面からすると次第に普及した肉食にはカレー文化の隆盛も預っていたことを付記しておく。

幕末に盛んになった獣肉割烹の店では、看板の行灯に「山くじら」と記した（『当時流好諸喰商人尽』東京大学史料編纂所蔵）

戦後の肉食とタブーの消滅

日本人の食肉嗜好を決定的にしたのは、戦後のアメリカ軍の駐留である。アメリカからの援助として輸入される牛肉や乳製品が、日本人の食生活を変えていく。とりわけ重要であったのは学校給食であろう。戦前では、男の成人対象であった軍隊での食生活が大きく影響を及ぼしたが、戦後の変化はすべての子どもへの影響である。たまに出てくるわずかな量の肉とはいえ、味気ない給食に彩りを添えていたのが、豚、鯨、鶏の肉であり、これによって家庭の食生活が変化していく契機をつくりだしていった。肉食はうまいもので、特に子どもには魅力的なのである。くわえて、高度成長にともなう可処分所得の増加、それに飲酒文化の発達が、そうした食生活の変化をしたざさえしたのである。

かくして、日本人の食へのタブーはほぼ完全に消えていった。しかし食へのタブーはなくなったとはいえ、いくつかの特徴をもっている。第一に、例外の存在である。まずペットとされる犬や猫については食べないもしくは食べることをよしとしない。第二には、これと関係するが、飼育した動物を食べるのを好まない。自宅で使役に使った動物、育てた動物を自ら食べることを好まない。鶏などは、客人が来たときはくびって食べた習慣はあったが、基本的には客人や近隣にふるまう行為であり、数は少ない。さらに猿の脳みそをたべるなどの生々しい行為は好まない。そして食べるために殺す作業を、差別の対象として忌み嫌うのである。言い換えれば、牛肉と動物としての牛、豚肉と豚とは区別されて、その生産過程と食肉とが明らかにつながっていることを理解しているにもかかわらず、無意識のうちに切り離すのである。

肉食のひろがり

ここで、食肉が明治以降日本人の生活に広がり、現在ではほぼ完全に肉食が普及した理由を簡単にまとめておくことにする。

まず最初は、西洋人ショックとも言うべき、体格、技術力、知力に圧倒されたことである。ペリーが来航した折には、一人ひとりを身の丈六尺余と記している記録があるが、六尺とはまさに日本人では相撲の力士であり、尋常ならぬ大男の象徴的表現である。そしてそれが、肉を食っている、牛の乳を飲んでいるゆえんであると知らされるにいたり、文明とはかくなるものかとスイッチを切り替えたといってよいであろう。明治四年（一八七一）の仮名垣魯文の手による『安愚楽鍋』には、「士農工商、老若男女、賢愚貧富おしなべて牛肉食わねば開化不進奴（ひらけぬやつ）」、こういうところの切り替えの速さや庶民の感覚は、第二次大戦後の対応と同様で原理が崩れると次の原理への移行はすばやい。

　第二には、実際に食べるとうまいことを挙げておかねばならない。日本には鍋料理という伝統が存在していたことも肉食の普及に役立ったであろう。硬くて日持ちのしない肉でも、野菜と甘みを加えることによって、容易に口にいれることができる。飲み屋文化が成立したことも肉鍋には好都合である。しかも明治五年には天皇が率先して肉食したことを公表している。天子さま公認で洋食が広まる中で、鍋料理という日本文化との融合により「日本型西洋料理」を生み出すというおまけ付きである。

　次に、国民皆兵である。明治六年に公布された徴兵令は、二年後に改正されて国民皆兵の制度が導入された。限られた期間ではあれ、すべての男子が入隊して、一緒の食事をすることになった。軍隊食に肉類が導入されたのはいつからのことか資料がないが、明治年間に少量とはいえ使われていたと想像される。鍋料理が隆盛になったといっても、それは都市文化であり、全国津々浦々まで浸透するには、やはり義務的行為が必要である。その意味では、軍隊食は普及力がきわめて高い。

　栄養の観点からの普及も見逃せない。江戸末期あたりから肉は滋養のある食品であることが知られ始め、病人食として利用されていた。肉食や牛乳の普及もこうした流れに乗って、元気のもととして盛んに普及された。実際、明治一八年（一八八五）には、赤痢、腸チフス、コレラが大流行するが、それに免疫のある西洋人への影響が少なかったこともあり、体格や栄養の違いと関連づけられた。また、肉食に栄養学的な根拠が付与されたのは日本人の化学者によるところが大きいようだ。日本人による科学的発見結果が、日本社会へ普及するのは早い。鈴木梅太郎が、ビタミンBを発見したのは明治四二年（一九〇九）であるが高峰譲吉のタカジアスターゼなどがあとに続く。大正九年（一九二〇）には国立栄養研究所が設立され、栄養講習会などが開かれて、食事に対する衛生と栄養的配慮は次第に家庭にも定着していった。健康優良児の表彰制度が始まったのは昭和五年（一九三〇）である。

戦争は物資の欠乏を招くが、同時にそれを担いうる体力を志向する。厚生省の発足は一九三八年であるが、その政治的表現である。そうして「必要栄養量」も決められた。食料の絶対的不足のなかで、最大限の体力を作るのであるから、なんでも食べるという精神がそこに注入されるのは当然であろう。さらに「生めよ殖やせよ」と子ども増産が勧められれば、一層そうなるであろう。

何でも食べる

第二次大戦後の食料的貧困は、日本の食事を全面的に改変する。アメリカからの援助食糧は、肉類に関してはそれほど多くはないが、ともかく口に入るものならなんでも食べるという習慣を定着させた。絶対量が足りないのである。こうしたなかで導入された学校給食は、その後の日本人の食習慣を変える。戦後育ちの筆者の経験でも、給食でだされる鯨肉と豚汁はごちそうであった。もちろん、コロッケやメンチカツなどの揚げ物もそうである。給食の記憶は脱脂粉乳のせいで、あまりよろしくないが、何でも食べなければいけないという感覚は給食によって確立された。

　その後の展開はいうまでもないが、牛肉の輸入や中華料理の隆盛、アメリカのハンバーグ店の繁盛などの食事内容の変化と、他方では、職業形態の変化、すなわち、職場と住居の隔離や長時間労働の常態化による外食の隆盛などなど食事というものはまったく変貌を遂げている。インスタント食品、冷凍食品、レトルトなどあげればきりがない。くわえて女性の社会進出がこれらに拍車をかけている。

　ここまで省略しながら食肉史のようなものを述べてきたが、多様化してなんでも食べられる状況のなかで、要するに何でも食べる、食料のタブーは、まったくないといってよいのである。わずかに、国際的な反捕鯨キャンペーンのなかで、鯨食への忌避やベジタリアンが増えていることなどが、今後どういう変化を作り出していくかが注目される程度であろう。

明治事物起原

『明治事物起原』（石井研堂著）は、江戸期においても江戸市中にももんじ屋と称する肉食店があり、近江には大津牛という赤斑牛の味噌漬があったことを伝えている。幕末には西洋人が肉食して、それが日本人の間にも広がり、福沢諭吉が肉食を奨励するなどして、巷間に広まる姿を記述している。中でも興味深いのは、明治五年、敦賀県令が肉食を養生物（滋養強壮）で、これに反対するものは固陋因習に囚われるものであるから、役人に通報せよ、などの通達をだしたと書かれていることである。ともあれ仮名垣魯文の『安愚楽鍋』の出版される明治四年ころには、東京、大阪など都市ではかなり普及していた。

食べないという文化

よく知られているように、ユダヤ教徒やイスラム教徒は豚を食べることを教義によって禁じられている。ヒンドゥ教徒にとっての牛も同様であり、ジャイナ教徒は肉食そのものを忌避している。そればかりか食べることを許容されている動物も、その屠畜形式には制限が加えられている。

動物は生態学的には消費者である。自らで栄養物を生産することはできない動物学的構造に作られている。動物や植物を摂取しなければ生きていけないのである。にもかかわらず、食べない、食べてはいけないという教義は二〇〇〇年以上も前、古代から続いている。食料が絶対的に不足している時代から、何ゆえに特定のものを食べないのであろうか。日本人的感覚からすると、そうした迷信から一五〇〇年も前に解放された、というのが常識的である。しかし、イスラム教徒やユダヤ教徒が減っているということはないだろう。そこに何があるのか、これまで多くの論者が食肉禁忌についての議論を戦わせてきた。その議論の詳細は、コラムを参照されたい。

ただこの論議については、二つの段階があることを区別しておかなければならない。すなわち、特定の動物を食べてはいけない、という論理と、その動物が何であるか、イスラムやユダヤでは豚が選ばれたのは何故か、ということである。なぜ特定の動物を食べないようになったかについては、キリスト教徒の馬や狩猟民族における犬など使役的有用性とそれにともなう愛着の形成とか、禁じることによって他者との区別だてをしたことがあげられよう。特に豚がなぜ嫌われるにいたったのかについては、森林性の動物であり、雑食であったがゆえに、沙漠地帯の生活者からスケープゴートとして取り上げられたのであろう。食べもののタブーは人をカテゴリー化することができるのである。

日本においても食べないという論理は成立していた。いやむしろ平安時代から江戸時代の間は、食べないことが当然であったが、食べることが許された状況もあったといってもよい。伝統的なことがら、神と共食する場合、山人、屠畜を業とする人たち、病人などがこれにあたる。それゆえに、かぶき者と称される都市民は、意識的に肉食したのであろうし、また遊郭に行く前に精をつけて大門をくぐったのである。自らの状況を限定させ、そのことによってタブーを破る言い訳を作り出していったといえよう。

日本における肉食の欠如は、魚食文化によって補完されていた。魚類は、養殖が盛んになる戦後までは狩猟と類似の側面をもっている。魚は野生動物であるから、収穫は自然状態すなわちある種の偶然性に支配されている。さらに冷凍技術が発達していない時代においては長時間の運搬に耐えられない。日本は農本主義、米作中心策によって人口密度は西洋と比べて高い水準にあった。しかも江戸時代には外洋漁業は許されていなかったから、生産量も人口に見合うほど大きくはなかった。その結果、魚のみならず海産物を原料とした保存技術を発展させ、多様な保存食を生み出した。

鯨を食べること

鯨食をめぐる日本へのバッシングは、アメリカと大陸ヨーロッパではきわめて強い。対する日本側は、資源としての鯨という観点から、鯨のなかでも絶滅の恐れのない種があるばかりか、数が増えてきており、むしろ魚資源を人間と分け合う観点からは、一定の間引きが必要であるという論理で対抗しており、そのキャンペーンは、少なくとも日本の国内では効果があったせいであろう、二〇〇二年の筆者らの調査でも、鯨食とその文化への擁護者は増えている。一九九一年には鯨食を許容する人は35％であったが、65％にまで達している。もっとも、男性は80％であるのに比べ、女性は50％くらいの許容率にとどまっており、男女でこれほど違う反応も珍しい。欧米の反対派は、鯨を資源としてより、野生動物として取り扱うことに比重を移しているのであって、この両意見の対立は、そう簡単に氷解するとは思えない。

絶滅の恐れがないなら鯨の肉を食べてもよい

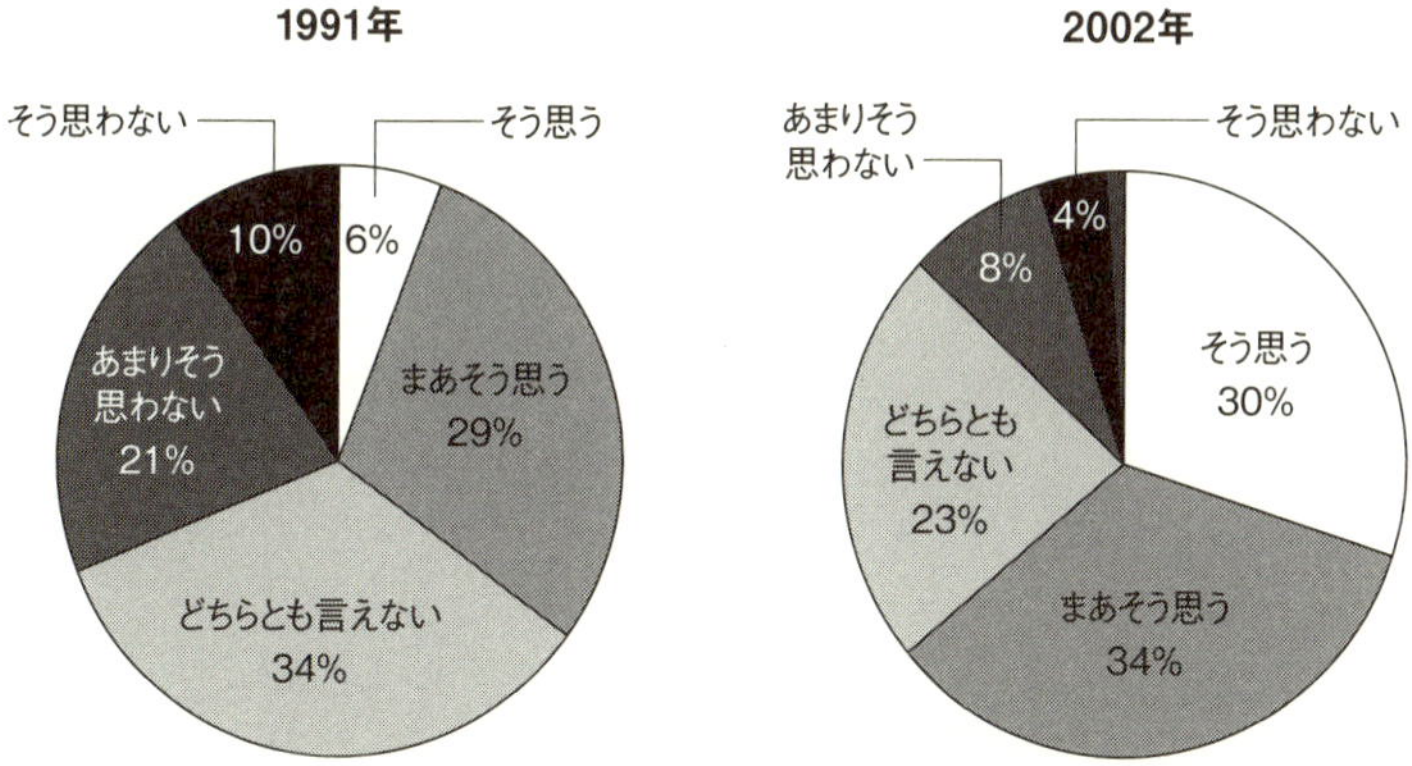

鯨食は伝統的な産業であり、文化を守るのがなぜ悪いのか、というのが日本側の論理であるが、文化の問題を持ち出せば、おそらくなんでも許容されてしまうし、また逆に欧米人のいうように鯨の知能の高さを持ち出せば、恐らく究極的には動物食の否定にまでいたるであろう。この両者の論理は、その意味では論理そのものに接点がないものになっていく。

この対立を少しでも解消の方向に向かわせるには、生業者が存在していることをどのように評価するか、そしてまた、日本が漁撈というある種の狩猟文化を残していることに目を向けてもらうようにするしかないといえる。捕鯨は、食べたり、利用するための狩猟行為であるからだ。

生業の観点からみるならば、そこに業を営んでいる人たちが存在することは決定的であるように思われる。絶滅危惧種を絶滅への道に追い込むとか、犯罪行為であるわけではないのだから、一定の留保をつけて容認すべき行為であると思われるのだが、文化、伝統一般のなかに入れられ、しかも魚資源を確保するために鯨を捕獲するというのはやはり逆転した論理といわねばならない。鯨食についても同様であろう。鯨食が政府によって推奨されなければならない理由はこれまた存在しない。鯨は食べてもいいのであろうが、食べることを積極的に勧める必要はないのである。

育てて食べる、食育について

最近の子どもは鶏の足を四本書く、といわれだしたてもう二〇年ほどになるであろうか。食糧生産の場や生きた動物そのものを知らない子どもが多すぎることから、実際にいきている動物を育てて、食べるところまで教育課程で実践しようと試みようとする教員が現れている。

まず、四本足の鶏の話題から考えてみることにする。たしかに実際の動物を見たことがないとする子どもたちは多く存在する。ただ鶏を見たことがあるか否かといった問題ではないと思われる。なぜなら、野生の鳥たちは私たちの周囲にいくらでもいるからである。筆者は東京住まいであるが、散歩していればかならず野鳥を目にすることができる。都市の鳥といえば、鴉、鳩、雀と思われるだろうが、小雀《こがら》類はいくらでもいるし、ヒヨドリから白セキレイ、鴨類などいくらでも都会の空を飛んでいる。自然がなくなって動物たちがいなくなったことが原因である、とするのは問題をとり間違えているとしか思えない。

第一の問題はそういうものが見えなくなっていることである。都会の空に、鳥がいるということを思いつかない構造になっているのである。それを、自然が失われていると題目のように述べ、ステレオタイプの反応をしてしまうことによって、自分たちが何を見るべきかを避けているのであろう。学校の先生が自分の時代と比べて少なくなっていると考えるのは見る視点がなくなっているだけではないのか。もちろん、開発行為がなくなってきているといいたいわけでも、自然が失われていないといいたいわけではないことはいうまでもない。

第二は鶏と雀が結びつかない。結びつけたくないという心理が働いていることである。直接的な解決としては、鳥からできていることを理解させ、あとは鳥を実際にみればすむのであろう。だがより本質的には、身近にいる動物と食べる動物を結びつけることを、都会人が好んでいないことにあるのだろう。

虫にかんしても同様である。土や草のある場所は探せば近くにあるはずだが、そこで待っていれば余程のことがない限り虫は現れる。

次に、食料生産の場そして屠畜（鶏をふくむ）を経験することについてである。生産と消費の現場が乖離して、消費の場から生産が見えなくなってきているとは、もっともな指摘ではある。どこでどのように鶏の肉や卵が生産されているか、子どもに限らず畜産関係者以外には知られていない。こうした過程を人間の認識のなかに取り戻し、全過程を把握することによって、食の大切さを把握する試みは有益なことであろう。

しかし、すべに述べたとおり、歴史的にみても日本人の感性のなかでは、肉を食べることへの禁忌よりも、生きている動物を殺すことへの禁忌が大きい。食べることと生産すること、そして屠畜することは、それぞれ独立している。家庭内の労働であればいざ知らず、生産過程が独立している近代社会では、生産過程は再編成されて、子ども向けにはできていない。そこでは感性を鈍化させること抜きには耐えられないようになっている。もし、感性の鈍化を問題にするのであるならば、また肉食禁忌を勧めるなら屠畜現場を見るもよいであろうが、少なからぬ違和感を子どもたちに作り出していくことになると思われる。それほど人類の精神は頑丈にできていないし、日本人はとりわけそういえるのではないか。

屠畜現場を経験させることは、おそらく職業的差別をなくしたいという気持ちがふくまれていると思われる。屠畜従事者は、いわれなき差別を受けてきたし、動物を扱う職業者は程度こそ違え似たような差別をこうむってきた。しかし屠畜現場を見ることによってその差別感を払拭しようとするのは、問題の性質を異にしているといわざるを得ない。ものを理解させるのに、それほど直接的に行わなければならない必要性はないのではないだろうか。見るのもいやな行為をやむをえずせざるをえない人がいることを教えるのに、その現場でなくとも代替できる日常的行為があるのではないか。

菜食主義──ベジタリアン

菜食主義を究極の生活様式であるかのように語る傾向が少しずつ増えていると聞く。感覚のある動物を殺す、食べるなどとはもってのほかということであろう。並行して、動物の権利や自然の権利があるとされたり、人倫の対象範囲を拡大して動物をその中にふくめる考え方も、次第に普及している。

ところで、牛乳やチーズなどの乳製品利用のない菜食主義は存在しない。もとより人間も動物も生産者ではなく、しかも蛋白質からできている。体を構成する蛋白質を形成するためには、植物蛋白だけではどうしても限界がある。一部の人は、完全に動物蛋白がなくても生きていけるらしいが、多くの場合それは不可能であり、場合によっては肉体的欠陥を引き起こすことになりかねない。そこで乳製品利用によってそれを補完せざるをえないのである。明治以前の食肉忌避の時代においては、日本人の体格はそれほど大きくなかったが、それでも魚食など動物性蛋白の摂取は、ゼロではない。

ところで乳利用とは、まさに牛の乳を搾取することにほかならない。本来、子どもに与える乳を、その過程から切り離して技術化して、搾乳を行うのであるが、牛からすれば自己の生産物を自己から剥奪される過程にほかならないのである。畜産の歴史は、家畜化という動物からの搾取とその技術の蓄積の過程でもある。動物を殺さないことをもって、畜産とその技術化の過程を否定できるものではないだろう。

食肉禁忌の過程

最後に、これまでの日本人の食肉を振り返ってみてみたい。

伝統的な日本人、すなわち殺生禁断令以後、江戸時代までの日本人は、魚以外の肉食（以下、肉食と呼ぶときは魚食をふくまないものとする）をしないと理解され、そのように巷間流布されてきた。現在のように肉食があたりまえとされるのは、明治の文明開化からであるというのが常識化されているのである。しかし、古代から江戸時代を通じて鳥はかなり普遍的に食べられたし、兎を一羽、二羽と数え、狸（穴熊）、馬や猪を食べる習慣が国内各所に継続的にあったことをはじめ、ほとんどの動物を食の対象としていたことがわかってきた。とはいえ、肉食の禁令は、厳密ではないにせよ、原則として機能してきたことは否定できない。天武四年（六七五）の肉食禁止令に始まり、仏教思想、とりわけ輪廻思想や神道の穢れ思想が、貴族から武士へさらに民衆へ、長い時間をかけて敷衍されてきたことの結果として理解される。同時に、動物のもっている不可思議性に対する恐れや不安を払拭する理論的・思想的背景をもたなかったこととも関係していると思われる。

仏教、神道、儒教などの思想がないまぜに存在し、取り立てて強烈な宗教意識をもってきたとは考えられない日本人が、一二〇〇年にもわたり、肉食を忌避してきたことが、単に宗教的意識と慣習によって成り立ってきたと断ずることはとうていできない。ここではこうした習慣が形成され、維持されてきた構造的特質とその周辺事情について、先達の研究を基礎にまとめてみる。

殺生禁断令とその影響

六七五年に出された「肉食禁止令」に始まり、以後、動物の殺生・肉食・放生などにかかる政策が繰り返し出されているが、これらは一括して「殺生禁断令」と呼ばれている。太政官制度という観点からみれば、これらの「殺生禁断令」とよばれる一連の法令が解かれるのは明治四年（一八七一）であり、それまで連綿と続き、形式的にではあるが生き残っていた。

この殺生禁断令にはいくつかの特徴が見られる。簡単にまとめると、

（1）すべての動物が対象になっていたわけではないこと
（2）収穫期など季節が限定されているものが多いこと
（3）飼育動物を野に放つ放生なども頻繁に行われていること
（4）何度となく繰り返しだされていたこと

などである。これらは、肉食は習慣的に広く存在しており、禁令にもかかわらずなかなか徹底することができなかったであろうこと、そしてそれを具体的に禁止する行為は、少なくとも当初は、単に宗教的な理由にとどまらずなんらかの政治や生活上の必要性が考えられること、などを意味している。これについては、原田信男氏などにより、「肉食や殺生が農耕の障害になると考えられ、そこから出発して、中央集権国家の稲作中心の租税体系と仏教思想と結びつき、肉食禁止が定着化した」と説明され、定説化されている。

その後、仏教が貴族階層に浸透するにつれ、まず初めに僧侶や貴族社会から、殺生や食肉習慣は次第に縮小されていき、さらに武士や庶民にまで敷衍していったと考えられる。勃興する武士階級にとっては、狩りは尚武の気性を養うとともに滋養を摂取する意味においても不可欠のものであった。いいかえれば、武士にとって狩りは自らの存在を確立するレゾンデートルともいえる行為であったと考えてよい。ところが、武士が実質的な権力を掌握した鎌倉時代以後においては、地位や生活が安定してゆくにつれ、また浄土真宗や法華宗などいわゆる鎌倉仏教が、武士や庶民に浸透しはじめ、狩りや食肉の習慣は次第に衰退していった。輪廻思想は着実に一般に浸透していったであろうことは、鎌倉時代に編まれた和歌集にとりあげられた次の歌に象徴的に示されている。

「山鳥のほろほろとなく声聞けば父かとぞ思ふ母かとぞ思ふ」（玉葉集）

他面、仏教においても神道においても、教義上、肉食の容認が見られる。中世の法話には、「業の尽きた生き物はたとえ放してやってもそう長く生きられるものではない。むしろ捕らえられて人間の食用になり、それを食べた人間の功徳を分けてもらって、ついには仏の救いに与かるのが幸いである」とか「獣に身をやつしている身分であるよりは、人に食べられてその身になり、来世に備えるのが良い」といった類の、肉食を積極的に容認するものが現れてくる。また動物たちや神に生贄を供える諏訪神社の祭祀や勘文などが厳然と存在し、肉食を容認する反転した思想体系を内在化している。さらに肉食が歴史の表面から消えようとしていくなかでも、皮革は、武具をはじめ身の回りの調度品に使われ、その需要は戦乱の程度により上下動するものの、なくなることはなかった。そして動物の処理を必要とし、食肉を必要とする人たちは、賤民化されながらも現に存在する限り、かならず彼らを救済する教義が生まれてくる。

いずれにしろ肉食の禁止は、ゆったりとした宗教的規制のもとで、じわじわと浸透してきたのであって、天武の禁止令によって決定されたと考えるのは早計である。また、肉食が完全に否定されたのではないことも明らかである。付け加えて紹介しておくと、薬用として肉食する習慣は宮廷や僧侶にあっても絶えることはなかった。忌むべきものではあっても、実際上の効用の観点からは、容認されたのである。さらに、魚食文化の発達が、肉食の衰退とパラレルな関係にあることはいうまでもない。

穢れとの関係

延長五年（九二七）に発令された延喜式では、穢れを人死、産、六畜死、六畜産、食宍の五つと規定している。六畜とは、牛、馬、羊、犬、雞（鶏）、豕（豚）をさしており、承平元年（九三一）に出された倭名類聚抄においても六畜として同種をあげているから、この時代、この六種が代表的な畜産動物であったと推測される。この中に野生動物がふくまれていないことは注目すべきであろう。また、当時日本にはほとんどいなかった羊も入れられていることからも、中国の影響によるものとされている。ちなみに、延喜式は、古代からの律令制度やその法体系がほころびを生じてきて、それを再編成したものとして解されている。ところで五つの穢れのうち、食宍を除く前四者は、不可避の事象であるから、おのずとこれらに立ち会った人たちは、一定の清めをおこなうことによって、その穢れを解消する（清める）ことができるであろう。しかし最後の肉食（食宍）については、その気になれば避けることのできる行為であることから、自発的な穢れ行為であり、したがってもっとも本質的な穢れの行為となり、清めの精神的レベルはもっとも高いことが想定される。

延喜式での、肉食の「罰」は三日間の公式行事への参加禁止である。また伊勢大神宮の物忌令では、「猪鹿を食ふ人は、百日……太神宮に参らず」とあり、穢れた行為とみなされていることがわかる。このように肉食は忌むべき行為でありながらも、貴族社会においてすら肉食が行われていたことを証明しているとともに、罰則は参内や儀式への参加が数日、多くても数十日避けられる程度であり、完全に否定されてはいないのである。

穢れの観念については、民俗学者などの間で諸論あるところであるが、食肉や屠畜との関係においてはそれが「死や血など生々しい生理的な現象」をともなっており、「生理的に汚らわしいもの」への嫌悪が、穢れ感を端的に表現していると考えるのが妥当であろう。

秀吉と南蛮人の時代

日本は中国大陸の東縁にあり、古くから文化を一方的に受け入れては、その門を閉じることを繰り返してきた。そして外圧や友好によって外に門戸を開くたびに、肉食についても一部を許容するなどの動揺を繰り返してきたといってよい。

一五世紀の南蛮文化との接触時における対応を見ておくのは、日本人と肉食を考える際に重要であろう。ポルトガル人が種子島に漂着して鉄砲などの物資をもたらした時、技術と食文化とを関連づけたことは想像に難くない。圧倒的な南蛮文化と体力・体格の背後に、かれらの食習慣があることを見て取ったに違いない。牛肉は早速キリシタン大名の間に流行し、「わか」(Vach)と呼ばれた。ルイス・フロイスは一六世紀末に来日したイエズス会の修道士であるが、その著述の中に、「彼らは野犬、大猿、猫、猪を食べる」とある。また、「坊主らは外面にも肉も魚も食べないと公言する。しかしほとんどすべてのものが食べている」と評している。もっとも、修道士にとって坊主は宿敵であるからそのまま鵜呑みにはできない。豊臣秀吉が南蛮料理を食べた話は、いくつかの文献であきらかであるが、はたしてその中に「肉」がふくまれていたか否かは不明である。キリスト教が普及するにつれ、改宗した領主、領民を中心に、牛豚食が広がっていった。また地方文化としても、南蛮人の要望に応えて、牛や豚を調達した事例が見られ、さほどの困難なしに調達できていることから、土佐や近江、九州の各国など日常的にこれらの動物を食用にしていた地方があることを示している。いずれにしろここから明らかなことは、肉食は一般に汚らわしいものであるとされていたが、なんらかの口実を設けて食していたし、その傾向は農山村にいくほど顕著であった。

このことは、朝鮮からの使節団が来日した際に饗応した料理の内容からもいえる。

綱吉の政策と江戸時代の食肉

殺生禁断令にふれるならば、日本史における第二の動物関連法ともいうべき徳川綱吉の生類憐れみの令にふれないわけにはいかない。貞享二年（一六八五）、「御成りの際に犬猫をつながなくてもよい」、とした犬猫の束縛解放に始まって、元禄七年（一六九四）には、犬を傷つけることや犬の売買などを禁止して本格化した。以後、綱吉が死ぬまで、一三五回にもわたって発せられた動物保護令と総称される通達（『江戸町触』）が出されている。これらが発せられた根拠を、塚本学氏は次のように整理して説明している。

（１）鉄砲を登録制にして、農民の武装を解除する
（２）都市ではカブキモノといわれる無頼の輩が犬を食べており、これらカブキモノを排除する
（３）野犬対策として中野に犬屋敷を設置するなどして収容する
（４）宿場馬の確保ために動物飼育を重視する

しかし山室恭子氏は、さらに綱吉の日常的言動や規範との関係から、権力的取締りを重視する観点よりも、綱吉の為政者としての倫理的側面を重視して、次のように分析している。

綱吉の知的態度として、儒学があり、慈悲・仁愛・勧善懲悪があり、秩序が乱れ、禽獣を

殺戮する風俗が横溢している現状への深い憂慮がある。すなわち、戦国の世から半世紀を過ぎて、殺伐の風が残存することに深い憂いをもち、これを糾すに動物を利用した。

綱吉は仏教徒ではなく、儒学を自らの信条としていたこともあり、殺生禁断令の思想的延長上に、生類憐れみの令があるのではない。綱吉のいささか常軌を逸したと思える政策群には、戦国期から安定期に入った江戸幕府の倫理的な変革の意志をみてとれるのであり、命ある動物が人に近く、人と区別される存在として、人の心を和らげる換喩として使われる手段とされたことがあったという山室氏の主張に軍配をあげたい。

ところで、江戸時代と肉食との関係については、加茂儀一氏は、「徳川時代になって、肉を常食とする異邦人に対する疎外感が非常に強くなった。おそらく徳川時代におけるほど世間でこの問題をやかましく取り扱った時代はなかっただろう」と述べており、薬餌以外に食うことを認められなかった、としている。

しかし、したたかな市民はそう簡単には引き下がらない。綱吉の時代はともかく、蘭学が盛んとなり、蘭書の翻訳により医学的知見、特に栄養学的に肉食は滋養になるとの考えが次第に知れはじめる。江戸時代末期の都市部では多くの動物たちが人の口に入っていた。初期の延宝期（一六七〇年代）に、江戸の四谷に猟師の市がたち、犬、鹿、狸などが売られていた。綱吉の治世（一六八〇―一七〇九）が終われば、平河町には「山奥屋」、山谷に獣肉店が、さらに両国に「ももんじ屋」、飯倉には「けだもの屋」と呼ばれる店々が、江戸周辺から次第に中心部へ進出してくる。そこでは料理を出し、食肉を売っていたことが報告されている。肉食に関する是非については、「邦人ハ獣肉ヲ食ハザルガ故ニ虚弱ナリ」といった主張がなされ、滋養の観点から推奨する論者が現れるとともに、火事や厄災があると、「仏罰があたった」と非難するなど、賛否が戦わせられていた。また、彦根藩は伝統的に近江牛を育て、毎年薬用として将軍家に味噌漬けなどの牛肉を献上していた。

食肉に関する、いわば矛盾した事実と論議が存在することそのものが、食肉を許容する社会的なバックボーンが形成されていた証拠でもある。食肉を避ける理由は、もはや宗教的なあるいは民俗的な穢れ観や未経験のものへのおののき以外には存在していない。

かくして、明治の肉食文化の開花の基盤は形成されていたといってよい。

文明開化となお残存するイメージ

明治維新以後の文明開化によってこうした肉食の禁忌は一挙に払拭されたといって過言でない。大蔵省は明治四年（一八七一）屠場の開設設置に関する布達を発し、翌明治五年明治天皇は、自ら肉食する旨を明らかにした。「健康・衛生上からみて牛肉は魚肉にまさり、従来これを用いなかったのは仏教の迷信にすぎない」と。それまで禁忌とされていた肉食は、一転して文明開化の象徴となった。肉鍋、特に牛鍋は、東京の流行の食べ物になる。西洋料理も政府によって奨励され続々と江戸市中で開店する。こうしてつい数年までは忌むべき食べ物であった牛肉は、「薬剤」となり、健康の源とされた。肉食禁忌の総本山ともいうべき仏教界においても、明治五年僧侶に肉食が解禁される。

江戸時代には、安房国嶺岡で将軍家のために細々と生産されていた乳牛も、幕末の開国にともない江戸市中にまで持ち込まれ、やはり文明開化で一斉に展開する。明治七年(一八七四)頃には、牛乳を販売する店が数十社に増えていたというから食生活の変化は、少なくとも東京や大都市においては、全面的に行われたと考えてよい。

肉食が公に解禁され、江戸・東京市中に肉鍋屋が隆盛をきわめたといっても、日本中に肉食の解禁が直ちに敷衍したわけではない。地方においては、まだ旧来の禁忌意識が根強く残存した。東京においても、こうした変化に対する旧世代の根強い抵抗が残存したことは想像に難くない。日本人の食生活は、この後、徴兵制の導入による「集団的都市生活」の進行や工業化による農村から都市への住民の移動などによる社会的均一化の進行にともなって、変化していった。

肉食へのタブーは徐々に社会の表面から消え去ったものの、肉食が健康という実利的側面を全面に押し立て、精神生活の根底からの変革をともなわないで進められた以上、その背後には漠然とした禁忌意識と食肉による不安は残されていった。その不安を払拭する行為は、「慰霊」や「供養」として現代にも残っていくことになる。

日本人の動物食の特徴

このように、日本人の動物食を歴史的に概観してみると、動物食に対する態度にはいくつかの特徴をみて取ることができる。

第一には、殺すこと、飼育したものを食べることを嫌い、内臓食を好まないことである。すなわち、身近で直接的な動物食や生々しい行為を好まないことであろう。食専用と考えられる家畜は豚であるが、奈良時代以前やそれ以後のごく一部の地域を除いては、ほぼ完全に飼養されていない。また馬、牛などの家畜は一部の地域を除いて食に供されていない。食べられる多くの動物は野生動物が主である。関連して述べるならば、品種改良や淘汰といった畜産的行為の発展はほとんどみられない。また動物を生贄として神に捧げる供犠もほとんど行われなかった。

内臓食については、詳しい研究は少なく、おそらくごく限られた範囲でしか食べられなかったと思われるが、このことは注目しておかなければならない。山内昶氏は、内臓食を「血まみれでおどろおどろしいもので、人間の最深部を想像させ……カニバリズムを類推させる」という。生々しさの度合いが高いのであり、それゆえに好まれなかったのではないか。

第二には、食べることや殺す行為に対応してその対角線上に代償的・補完的行動が見られることである。たとえば、食肉の穢れは数日の物忌み的行為によって払拭されたし、精神的には供養によって容易に解消することができた。動物処理業者に関しては、浄土真宗などに見られる反転思想があり、救済の手を差し伸べた。諏訪神社のように「食べられることによって役立てる」といった観念も例外的に生み出された。全体的には、食肉はタブーではあったが、そこにはかならず自由に出入りできる抜け穴があり、逼塞感を晴らす道が残されていた。絶対的なタブーというよりは、言い訳や許しのある禁止行為なのである。

第三には、明治以降の食肉の繁盛ぶりにみられるように、実用的、現実的そして科学に対する素直な感覚である。古代から病気、天災など降りかかる災難とその原因への不安感が、目の前におきる事実、たとえば西洋人の圧倒的な体力と知力、文明などを見せ付けられ、そして「科学的」説明によって納得することで、容易に転換してしまうのである。同時に、容易に変化する態度は、そのもとに漠然とした恐れや不安を残すことになる。動物を殺したり、食べたりすることへの漠然とした不安が否定され、薄れていくと実利優先の大量殺戮や捕獲、遊びなどが鎌首をもたげてくる。明治時代の動物に関連する新聞記事には、狐が現れれば追っかけて捕まえる、といったものがあふれている。不安と安直さがない交ぜになっているのである。

ここではふれなかったが、蛸《たこ》やナマコなど西欧では避けられている魚食や海産物も、平然と食べられており、まったくといってよいほどタブーが存在しない。このようにほうっておけば、生物学的に食べられるものは何でも食べるというのが、日本食の特徴ともいえる。

以上見てきたように、日本人の伝統的な動物食は、生々しいことは嫌うが、全体としては実用的であり、不安感さえなければ、融通無碍な食文化であったといえよう。

現代社会に残る供養・慰霊の行為は、安易な科学観の隙間としての不安の払拭である。そしてこのことは、アニミスティックな動物への恐れ、食したことへの不安を解消するレトリックとしての機能をも果たしていると思われる。また最近のペットの繁盛ぶりも実用性の観点から考えてみると新しい視点が見えてくると思われる。

食のタブー論議

食へのタブーについては、これまで多くの研究者、識者が論じてきた。ここでその全体に論及するには、筆者の力量も足りないし、紙面もないので、ユダヤ人が豚肉を食さないことにしぼって論議を探ってみることにする。イスラム教徒も豚食を忌避するが、複雑になりすぎるので、省略することにしたい。

豚肉食の禁忌は、旧約聖書のレビ記と申命記から始まるのが通例だ。それ以前のエジプト、メソポタミアにさかのぼって、豚への嫌悪を探って研究した学者もいるが、文書として最初に出現するのはレビ記であろう。いずれも長くなるので、豚以外の部分は省略しながら、引用することからはじめよう。「忌むべきものはどんなものでも食べてはならない」とまず食べてはならない規定をした上で、「食べることのできる獣は、蹄が二つに分かれたもの、反芻するものは食べることができる」とする。さらに、「ラクダ、ノウサギ、イワダヌキは反芻するが蹄が分かれていないから、」「豚は蹄が分かれているけれども反芻しないから食べていけない。またその死体に触れてもいけない」。鳥や魚などにもこうした論理が展開されているが、ともかく何の前ぶれもなくいきなり定めていることはたしかである。もちろん、動物学的な誤りもある。レビ記でも、細部では異なっているもののほぼ同様の記述があり、両者の違いはあまり重大ではない。

メアリー・ダグラスは、こうした記述に対するアリストテレスから中世にいたる学者たちの解釈を引きながら、ラクダと豚とイワダヌキを区別するものは何もなく、ただ食用家畜として扱わない規定をしているだけで、豚だけがとりたてて嫌悪されるべき理由は記されていないというのである。そのうえで、未開民族の分析を行い、そこから「あらゆる文化は、汚穢や不浄に関する独自の観念群を持たねばならない」「秩序の確立する過程では、旧いものは場違いで、よき秩序に対する脅威であるから、強く排除される」。また「穢れとはもともと精神の識別作用によって創られたものであり、秩序創出の副産物である」としている。

これに対して、明快な論理展開をするのは、先鋭な唯物論者マービン・ハリスである。食文化にかかわるすべての事象も、なんらかの物質的根拠をもつ、と喝破するハリスは、中東社会では、古代には豚を飼育していたが、カシとブナの森林の後退、人口の増加などにより森林が農地化し、さらに牧草地、沙漠へと不毛化するなかで、豚を飼育する自然的基盤が失われていったとする。また豚は、草を食べない雑食性動物であるから、人間の食料と競合して、社会内の場所を失っていった、と豚と人間が食料を奪い合った歴史を説明しながら、物質的・歴史的根拠から説明する。そのうえで、遊牧民の財産であり、足であるラクダを食べないようにするための理屈を考えたのが、中東社会の先人であり、レビ記は、それを踏襲したにすぎないというのである。ハリスの論理は、コストとベネフィットの計算があって、それを基盤に、理屈を考えることにあり、その脈絡から、ダグラスのいう「場違い」説を否定している。

日本の人類学者、山内昶氏は、エドマンド・リーチの主張するカテゴリーの境界線の論理を援用してダグラスをよしとする。つまり、カテゴリーAがあって、それを否定するNAがあれば、AでもNAでもない領域があって、その領域が穢れた領域となるという論理である。豚やラクダでいえば、「反芻＋蹄が分かれる」が可食領域Aとすれば、「反芻せず蹄が分かれる」豚と「反芻するが蹄が分かれていない」ラクダはAでもNAでもなく、穢れたものになると説明するのである。

さて次に登場するのは、谷泰氏である。谷氏は、まず創世記における神と人間の関係からとき始める。創世記では、神が人に食料として与えたのは「植物と果実」で、動物食を許していないという。これはまさに創世記、楽園の世界であり、その次のノアの段階で、「すべての生きて動くものを、食料として皆さんに与える。さきに青草を与えたように、これらのものを与える。しかし、肉をその命である血のままで食べてはならない」。こうした段階を踏まえてレビ記で、上記のような記述になっているのだと指摘する。そして、何ゆえにこうした許容の段階を設定したかの意図として、神の禁止と許容の論理を挙げている。すなわち、神は食肉を嫌っている、しかし特別に帰依するイスラエルの民には、「蹄が分かれていてかつ反芻する」ものは許可してあげようということである。しかも牧羊民としてのイスラエルの民の生活習慣にふさわしいものとして判断するのであり、それゆえに、イスラエルの民は、選ばれた良い習慣をもった人たちということになる。

ここまで述べて、皆さんは、ではなぜ旧約聖書を奉じるキリスト教徒が豚を食べることができるのかを不思議に思うであろう。キリスト教徒の豚肉食許容は、三世紀の宗教会議でなされた。そこでの理由は、「ユダヤ人は豚を食べない。であるなら、われわれは豚を食べようではないか」というもので、きわめて示唆的である。

東地中海沿岸地方に広がったキリスト教は、北のガリアに行くにしたがい、森の住民と遭遇する。選ばれた民への布教から、より普遍化された宗教としてのキリスト教が、ガリアやゲルマン、ケルトの習慣と遭遇し、その食習慣を見れば、豚食を禁止できないばかりか、豚食を許容することによってユダヤ教と一線を画して新しい領域に入っていったのではないか。

ところで、ユダヤ教徒やイスラム教徒が豚を忌避する理由として、豚にはせん毛虫がいるので食べない、あるいは、腐りが早いので食べないことを挙げる人もいる。一九世紀に豚肉中からせん毛虫が発見されたとき、改革派ユダヤ教徒の一部から、原因がわかったのだから熱を加えれば食べても良いのではないかという見解がだされた。もっともこれらの見解は牛にも、鶏にも、あらゆる動物には人獣共通の寄生虫が存在するので、忌避の決定的理由にはならないと否定されてしまっている。

豚はなぜか嫌われものである。しかし豚が嫌われることと、食肉を忌避されるということは区別しておく必要があるであろう。貪婪である、糞食する、汚いなどなど嫌われる理由や誤解には事欠かない。しかし、栄養や味の観点からは、忌避する理由はまったくといっていいほどない。

ここでは、食肉の忌避についてのみ検討してきたが、豚の嫌われる理由は、もっと他の次元にあると思われる。

さて、ここでそれなりの結論を出さねばなるまい。谷氏の述べるように、神による禁止と許可により、選ばれたものと他者とを区別だてするという論理は説得力がある。こうした神に対してユダヤ人が食べないから、われわれは食べようという飛躍力にも納得するところがある。そこには近似の宗教間における区別だての論理があるからである。ある人たちが食べないものを、近似の人たちが食べれば、具体的にはキリスト教徒は、豚さえ食事にだせばたちどころにユダヤ人をあぶりだすことができる。差別するものの許容と差別されるものの非許容は両者の間に明快な一線を画することができる。生活習慣の一部を切り出して、それを肥大化して近似の両者を区別することは布教の原理であろう。

第4章

動物の不思議な力

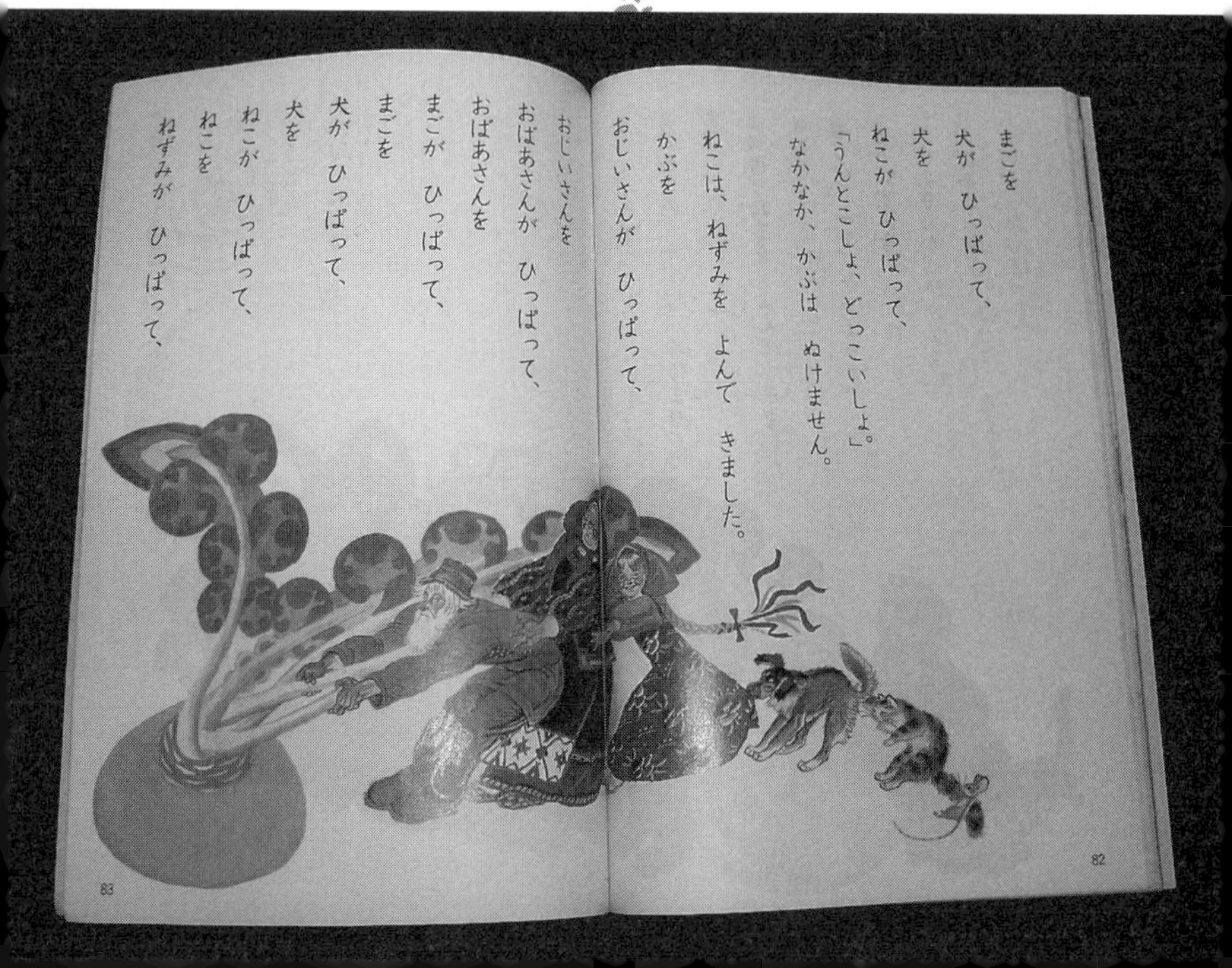

まごを
犬が　ひっぱって、
犬を
ねこが　ひっぱって、
「うんとこしょ、どっこいしょ。」
なかなか、かぶは　ぬけません。
ねこは、ねずみを　よんで　きました。
かぶを
おじいさんが　ひっぱって、

82

おじいさんを
おばあさんが　ひっぱって、
おばあさんを
まごが　ひっぱって、
まごを
犬が　ひっぱって、
犬を
ねこが　ひっぱって、
ねこを
ねずみが　ひっぱって、

83

動物絵本

幼児の絵本は動物であふれている。動物なくして絵本は成立しないといってもよい。日本での三〜五才用の絵本の約70％に動物が登場し、約半数は動物が主題となっている。特に、女児用のそれはさらに高くなる傾向にある。

『絵本の描き方』の著者であるロバーツは、動物がこれほど絵本に多用される理由を「答えは人を何かになぞらえてしまうことだ」と断言している。人の代替として動物を擬人化するのが何故有効かについては、「一つは身近にいる動物たちに子どもの目を向けること、もう一つは人間の代役を務めることである」と説明する。要するに、動物を使って子どもを引きつけ、微妙な問題を動物に語らせるということだというのである。また、登場する一人ひとりの違いを、人で区別するのは小さな子には難しく、それを犬や猫、象などの動物種の違いで代用させると、容易に個性を表現することができるという。

動物を人間の代替者にしたり、また動物によってなんらかのメタファーをつたえることができるわけだから、絵本における動物の利用は有効なのであろう。だがそればかりではなく、絵本における動物は人間でもなく、また本物の動物でもない何かを表現する役割もあることを見逃してはならない。動物絵本はわれわれの世界とは違った世界に導いてくれる。動物がでてくればどこにでも連れていってくれるのであり、人間の代替にはとどまらない。

このロバーツの分析に対して、教育学者である矢野智司氏は『絵本をめぐる冒険』のなかで興味深い指摘をしている。動物絵本の人気の秘密は、こうした擬人法による動物の描写もさることながら、より重要なのは、人間が動物世界に入っていくこと、すなわち逆擬人化の手法であるというのである。人間が動物になってしまうことによって、人間にとって不条理な世界を作り出すことができ、子どもの心の世界に深く侵入し、そのことで内奥性を獲得することにあると指摘している。だからロバーツは、絵本の本質がわかっていない、絵本をすきではないのだろうとまで言い切っているのである。

絵本の描く世界は、擬人法と逆擬人法に満ちあふれている。ナンセンスやファンタジー、ゲームにあふれる絵本は、動物が存在・介在することによって初めて成立する。この教育学的な意味については矢野氏の著書に譲るとして、ここで筆者が指摘しておきたいのは、動物の登場によって、人間を使った場合では「そんなことをやらないよ」といわれてしまう場合でも、表現の限界を超えて、いわば何が起きても不思議でない状況がしつらえられ、演出されることが可能になることである。

国語・道徳の教科書

筆者は長いこと動物園勤務をしており、動物園と学校との連携、特に学科の授業を通じたそれを模索していたが、理科教育と動物園とのフィットネスの悪さを感じていた。理科教育では、動物園にいる野生動物、たとえばゾウやライオン、ゴリラなどがほとんど取り上げられる機会がないのである。ところが、こうした動物類が、国語や道徳の教科書に頻繁に登場することに気づき、これらを通じて学校との連携が可能ではないかと考え、その詳細を検討したことがある。

筆者の勤務した葛西臨海水族園、多摩動物公園において、国語や道徳の教科書に登場する動物たちを解説する教員向けの研修会を開催することで、この研究を実践の場に移してみた。小学校の教員のほとんどは「文科」志望者で、野生動物に関する知見をほとんどもたない。彼らが国語の授業を行う際に、まったくアンチョコ的・辞書的な解説を行う可能性もあり、それらを払拭して野生動物に関する理解を踏まえた授業展開を補助できれば、子どもたちにも野生動物そのものへの理解が深まる可能性が高く、なによりも授業内容が豊かになることが期待された。

平成一四年から、多摩動物公園で数回の研修会を実施したところ、一〇〇〇名以上の申し込みがあった。

同時に国語の教科書には、擬人化された動物たちも頻繁に登場する。研修会とは別に、使用されている国語の教科書の実相について調べてみた。

教科書の擬人化された動物たち

調査対象とした教科書は、小学校一年から三年までの五社のものである。これは東京都の区市町村で採用されているのが、五社であることによる。教科書は寡占状態にあり、小学校の国語は六社から出版されているが、そのうちの五社であり、列挙すれば光村図書、日本書籍、東京書籍、教育出版、学校図書の各社である。

動物の扱われ方を区分すると、写実（野生動物、ペットなど）、擬人化、その他、に区分され、全体に占める動物の割合は、一〜三年生を通じて30％を越え、擬人化されたものが一番多い。

擬人化された動物たちの役割は、本来人間がその位置にいるべきもので、動物の替わりに人を入れてもまったくそのまま使えるものである。ただし、人間に置き換えると活性が失われるものも少なくない。さらに、童話については、固有の領域をもっているので、人が置き換わるとまったく異なった展開になることも予想される。動物固有の面白さ、引きつける力がある。

動物と人との交換が可能である題材において、何故、動物を使用するのかは、一つにはおそらく人間関係に直接影響を与えない配慮によるものと考えられる。この点では前述したロバーツの指摘どおりである。言い換えれば、人がしゃべったり、風景を鑑賞したり、楽しんだりすると、なんらかの邪念が入ってしまうことを忌避していると考えられる。たとえば、太郎さんと花子さんに登場してもらえば、そうした名前をもつ子どもに注目が集まるなど授業に支障が生じる可能性がある。そうしたことによって、表現される内容に余計な制限がくわわるであろう。またあまりばかばかしい反応はできない。極端な性格描写もできない。同時に、子どもらしさ、素直さなどを、動物を使って表現することも可能である。また、人間の個性を表現しようとすると、描写が細かくなりすぎて、小学校低学年の子どもたちには区別しづらくなってしまうことを解消する意味もあるという。個性は動物種によって区別されている。

表現されている内容は、動物たちがなかよしであること、協力してなにかを行うこと、互いにあることに共感していることなどである。国語の教科書には、子どもたちの世界に人間関係の重要さを暗喩している表現が目立つ。教室における人間関係重点主義がこうした点にも反映していると考えられる。人間関係重点主義とは、教室運営において、子ども相互間の人間関係、いじめない、喧嘩しないなどに過度に配慮した考えであり、教科重点主義の対語と理解していただければわかりやすい。国語の教科書は道徳的であり、メッセージに満ち溢れているのである。

これら擬人化された動物の取り扱いは、学年が上がるにしたがい減少する傾向がある。

矢野氏の指摘する「逆擬人化」現象は、一〜三年生を調べたかぎりでは登場していない。

「大造じいさんとガン」・「大きなかぶ」の教科書的意味

国語の教科書の目的は、当たり前のことだが、日本語を教えることにある。題材がいかなるものであっても、日本語が理解できるようになっていれば、とりあえず目的を達成することができる。しかし、いくら題材は自由だとはいえ、子どもたちの注目や共感をひきつける題材が望ましいであろう。

ところで、五社が取り上げている題材は多様で、ほとんど共通するものはないが、例外がある。五つの会社がすべてとりあげているのが、五年生での「大造じいさんとガン」そして一年生の「大きなかぶ」のふたつなのである。こうした事情の中ですべての教科書に登場する物語であるこの二つには何か意味があるのではないだろうか。なぜならすべての教科書会社によって取り上げられているということは、ほぼ若い世代の全国民が読んだことのある数少ない物語だということにほかならない。各社がこぞってこの物語を選んでいるということは、単に国語を教えるのを超えて、なんらかのメッセージがここにふくまれていると考えていいのだろう。

「大造じいさんとガン」（五年）：椋鳩十作のこの物語は、ガンの群れのリーダーである「残雪」が、おとりのガンをハヤブサから守るために、体当たりする話で、その行為に「感ずるものがあって」大造じいさんは銃をおいて撃つことをやめてしまう話である。「残雪」の仲間を守る行為が、じいさんの狩りをあきらめさせてしまうわけだ。

「大きなかぶ」（一年）：おじいさんとおばあさんがかぶを引き抜こうとしてできず、いろいろな動物が協力して、最後に小さなネズミが参加して、抜くことができる。

この二つの話の教訓はなにかということが、問題になろう。端的に言って、そこに示されているのは、他者への「共感」とわずかな力でも「協力」すると大きな力に成りうる、ことであろう。

近代文学研究者である石原千秋氏は、国語教科書は、道徳的メッセージを伝えるきわめてイデオロギー性の高いものだと指摘している。そこでいわれるイデオロギーとは、「自然に帰れ」と「共生」だという。それゆえに、国語には随所に動物が登場し、かれらとの共生にかかわる話題がだされる。

石原氏の分析と総合すれば、国語の教科書と動物が結びつくのは、必然的なところがあることになる。自然への共感とそこに帰ることの希求、そして動物との共生社会を創ること、これらはすべて動物を介在して可能な領域である。

野生動物と擬人化された動物の区別はあるのか

それでは、完全に擬人化された動物は、野生や自然とは同様の役割を果たすことができるだろうかという疑問が湧いてくる。なぜなら、擬人化された動物は、人間の代替物でしかなく、人間社会をベールに包むもので、野生や自然を表現できるとは考えられないからである。

実際、挿絵、写真などを見ても、題材としてははっきりと人間であり、授業内容としてもまったく自然性はないだろう。筆者らとしても、学校教員への研修で、野生動物とペット、そして擬人化された動物との違いを強調した。しかしそれはある種の動物学的偏狭ともいうもので、この違いを強調したからといって動物への認識になんらの変化を与えるわけではなく、教室における人間関係や道徳に影響を与える程度であろう。いやむしろ、擬人化された動物と「本物」の動物との区別が薄まって、人間関係としての野生動物へと引き寄せられていく可能性を秘めているといわねばならない。そこから形成される動物観は、人間関係と相互浸透した動物観であるだろう。あらためて学校教育の現場で、動物という他者を教えてゆくことの困難さを思い知らされた。動物という、人間とは一定の区別がありながら共通性をもった存在、それとの矛盾関係を教えるのは、科学と哲学の両領域から立ち向かう現代の課題である。

動物と人間との関係は、生活の物的領域にとどまらない。古代には動物は神そのものだったし、その後も神の使いへと地位を落としながらも、精神生活に入り込んできていた。明治以後、自然科学の普及にともない、動物の霊性は次第に衰えていったが、現代社会日本においても完全消滅してはいない。犬型人間と猫型人間に二分してみたり、狸派と狐派に分類したり、一時流行した動物占いなど、動物をめぐる非合理的な事象は巷にあふれているし、また現代日本人の動物観調査によってもそれは明らかである。筆者らの調査では、現代日本人にある宿神的な態度を抽出することが一つの大きな課題であったが、一六七頁で示す設問に対して、驚くほど肯定的であった。

江戸時代以前のことであれば、多くの動物観研究者が伝統的日本人の宿神的観念がいかに生活に定着していたかを縷々述べている。宿神的な観念への対抗論理は自然科学であろう。あたり前のことであるが、自然科学は、自然現象に対する科学的解明を追求する学問である。他面、自然科学においては仮説を立ててそれを証明する手法をとる。言い換えれば、世の事象全体がすでにわかっているものとみなさない。そこで、これまで解明されていない事物の因果についてはとりあえず不明になる。

ここで立場は二つに分かれることになる。一つは、いまだ解明されていない因果性については これからの科学の問題とする立場と、もう一つは、わからない事柄を現段階ではわからないままにしておくという立場である。後者の場合、宿神的な領域が食い入る余地があることになる。もっとも、宿神的領域には自然科学を対峙すべきではなく、不安とか依存などといったより精神世界にかかる問題であるという指摘も当然あるだろう。

ここで指摘しておきたいのは、明治以後の日本においては、ある種の科学主義が支配的であり、不明な事柄を将来解明することは科学の領域とされ、科学主義の浸透によって、動物の世界がよりあらわになることを通じて、宿神的態度は後退していったという事実と、その反面でしたたかに感情的世界に潜んでいたということである。現代日本人が動物に抱く不思議感をいくつかの例をとりながら明らかにしていく。

村上春樹の世界

村上春樹は現代日本における有数の作家であり、ベストセラー作家といえる。多くの読者がおり、作品に関する論評も数え切れないほどある。その作品は現代感覚に満ちており、料理、音楽、恋愛、酒など幅広い分野のテーマを駆使して心の世界を彩っている。

村上春樹の作品の特徴の一つに、多くの動物たちが登場することがあげられる。多彩な動物の登場とともに、登場人物に動物の名前がつけられることも少なくない。しかしその動物たちのあり様は、他の作家におけるそれとはかなり様相を異にしているのに気づく読者は少ないように見受けられる。村上春樹の解説本が少なからず出版されているが、登場する動物に論及したものは皆無といってよい。多くの評論家や読者は、登場する動物たちを擬人化され、メタファーとなっているとしかとらえていないように思えるのである。

作品に登場する動物は何か独特の役割をもっているのではないかという疑問から、村上春樹の著作を検討してみることにした。そこに登場する動物たちの振舞いは、写実的でもなく、寓意に満ちたものでもなく、作品内に溶け込んでおり、気づかれにくい。もちろん、なんらかのメッセージをふくんではいるが、どちらかといえば小道具的に使用されていて、作品の雰囲気や状況の設定や、作者のテーマにとっても独特の機能を果たしているとさえ思われる。さらにいえば、村上春樹の心性と結びついているのではないかというのが、このテーマを考えるにあたっての作業仮説であった。

登場する動物たちと動物もどき

調査した作品は、長編で九篇、短編で二六篇であり、すべて小説である。村上作品は、フィクション分野でも二つに分かれており、その内、村上朝日堂と銘打たれている分野は、挿絵と一体になった独特の作品群であるが、今回は除外した。その他、旅行記・紀行、ノンフィクションにおいてもいくつかの作品があるが、これも今回の調査の対象外とした。

登場する動物たちを列挙すると次のようになる。

羊・羊男、緬羊、カンガルー、ゾウ、アシカ、猫、犬、ムクドリ、カラス、カイツブリ、ハゲワシ、ハゲタカ、アヒル、クラゲ、カササギ、カエル、蛭、ミミズ、糸ミミズなどがあり、状況描写に使われている動物はさらに多い。「動物もどき」としては、金色の獣、一角獣、緑色の獣、ねじまき鳥、やみくろなどがある。また人や動物にも、動物の名前がつけられている。人につけられた動物名では、鼠、カイツブリ、カラス、猫の名前として、かめ、いわし、さわら、その他、施設にはドルフィンホテル、イルカホテルなどが登場する。

第二章で述べた犬と猫の名前の調査との関係では、登場人物の名前がミュウ、キキなど妙に猫的であるのにも気づかされた。

作品を素描する

（１）作品とテーマ

動物に注目して村上の作品を読んでいくと、そのテーマが意外に暗い闇の世界に関わっていることに気づかされる。そのことは、日本における近代社会の空虚性と原日本の喪失感覚にもつながっている。『世界の終りとハードボイルド・ワンダーランド』では、村上の精神生活の終末と倦怠が提示されている。離婚やそれにともなう孤独、孤立感、自殺、心の病などは『ノルウェイの森』など複数の作品で取り扱われている。壁を隔てた、現実世界と空間的にも心的にも隔絶された空間へのワープ体験は、「向こう側に行く」、「消える」、「壁を越える」などとして表現される。これらにはいずれも動物や動物もどきが関わり、そこへ案内し、そこでの活動を左右する役割を引き受けている。

また、「納屋を焼く」「パン屋を襲撃する」「ガラスを壊す」「交通事故を起こす」「殺人」などの、さりげない破壊や反社会的行為が演じられる。これらはいずれも論理的・必然的ではないが、といって衝動というより不思議感覚のなかで行われているという表現がふさわしい行為である。

『かえるくん、東京を救う』『蜂蜜パイ』などでは、動物たちが主人公となり、カタストロフを作り、別の動物がそれらから社会を守る役割を果たしている。

（2）動物にかかわる事件

短編小説には、動物をめぐっておきる幻想的な事件がいくつかある。『動物園襲撃（あるいは要領の悪い虐殺）』は、旧満州で動物園に勤めた獣医師が、戦争末期にあって動物を処分するトラウマの話であるが、このテーマは長編の『ねじまき鳥クロニクル』においても取り扱われている。

『象の消滅』『かいつぶり』『カンガルー通信』『カンガルー日和』『とんがり焼の盛衰』『あ

しか祭り』『蛍』など動物を主題とした事件が起きる。

また、動物を表象した「羊男」「羊博士」「鼠」などの異界の人物も再三登場する。

これら一連の動物たちは、ある種の人間を暗喩するために使われているとは考えられない。彼らは突然現れ、事件を起こし、消えていくが、むしろ不可思議な動物が現れた時に反応する人間の側のさりげなさが目立つ。例外は『動物園襲撃』で、いかにも歴史的・現実的生活に密着している（短編で発表された『動物園襲撃』は『ねじまき鳥クロニクル第３部鳥刺し男編に収録されている』）。

「羊をめぐる冒険」と「世界の終りとハードボイルド・ワンダーランド」

ここで二、三の作品を少し詳しくとりあげることによって、その感覚を理解してもらうことにしよう。

（1）『羊をめぐる冒険』

児玉誉士夫を髣髴とさせる大物右翼に邪悪な羊がとりつき、彼をコントロールすることで権力をほしいままにするが、大物右翼が死にそうになり、とり憑く先を主人公の友人に変えようとしたときに抵抗にあい、鼠という名前の主人公の友人は、とり憑いた羊もろとも爆死する。その友人を探しに行く過程でおきる冒険である。脇役の登場人物としては、かつて邪悪な羊にとりつかれた羊博士と、戦争のないところを求めて北海道の深山にこっそりと住む羊の仮面をかぶった羊男である。羊男は、この作品の続編である『ダンス・ダンス・ダンス』では、戦争のない「あっちの世界」に住み、主人公に安住の場所を提供する役割を果たすことになる。

さてここでの冒険は、予知能力をもった主人公の恋人の一言で始まる。

「羊のことよ」と彼女は言った。「たくさんの羊と一頭の羊」
「羊?」
「うん」……「そして冒険が始まるの」

（『羊をめぐる冒険』上）

友人を探すきっかけとなるのは、右翼の大物の優秀な秘書である人物からの脅迫である。主人公にとっては、いわば身に覚えのない脅迫であり、こうした事件を作者は次のように表現する。

いとみみず宇宙にあっては乳牛がやっとこを求めていても何の不思議もない。乳牛はいつかやっとこを手に入れるだろう。僕には関係のない問題だ。
しかしもし乳牛が僕を利用してやっとこを手に入れようとしているのであれ

ば、状況はがらりと違ってくる。

（『羊をめぐる冒険』上）

このように理不尽で会話や論理の通じない世界は「いとみみず宇宙」と表現される。
また秘書の脅迫の最中に次のようなことを考える。

「言えません」……「ジャーナリストにはニュース・ソースを守秘する権利があります」……

……沈黙はそのあともしばらく続いた。どこかで郭公《かっこう》でも鳴き始めてくれるといいのに、と僕は思った。しかしもちろん郭公は鳴き始めなかった。郭公は夕方には鳴かない。

（『羊をめぐる冒険』上）

このような情景描写は随所に見られる。
まるまると太った鳩が三羽電柱にとまって意味もなく鳴き続けていた。いや、あるいは鳩は何かしらの意味をこめて鳴いているのかもしれない。……鳩から見れば意味のないのは僕の方かもしれなかった。

（『羊をめぐる冒険』上）

僕は頭を振って、そんな幻想を払いのけた。
外では夜の鳥が低く鳴きつづけていた。

（『羊をめぐる冒険』下）

名前についてもこだわりをみせる。

「都バスにひとつひとつ名前がついていたら素敵だと思うけどな」とガール・フレンドが言った。

「……たとえば、……『かもしか号』なら乗るけど『らば号』なら乗らないとか」

（『羊をめぐる冒険』上）

（2）『世界の終りとハードボイルド・ワンダーランド』（以下『世界とＨＷ』）
この作品は一風変わった構成になっている。「世界の終り」と「ハードボイルド・ワンダーランド」という二つのテーマが、四〇章にわたる展開の中で、交互に語られる形式をとっている。あたかも二つの小説が、シマウマの縞模様のように展開されるのである。そしてその両者は、直接関係することはない。もちろん、両者は相互にパラレルに語られるのであるが、読み進めるうちでは、それらは意識されることができない。解説的に述べるのを許していただければ、ワンダーランドを冒険した後に、主人公が行き着く先が、世界の終りの「世界」なのである。その世界は、人が影を剥奪されて、そのことによって「心」を失う「世界」なのである。

「ワンダーランド」は、国家と想定される「システム」側と反国家と想定される「記号士」側との人間の精神を支配する形式における対立構造のなかで、そのいずれもから逃れることを目指した天才動物学者＝脳科学者と彼が作り出した精神支配システムの担い手である主人公の冒険である。主人公の頭脳は、意識の核をブラックボックスにして、情報が埋め込まれている。動物学者は、この争いから逃れるために地底深くに住むが、そこは「やみくろ」という得体のしれない動物の支配する場であり、同時にやみくろによって「システム」や「反システム」から守られるが、やがて「反システム」とやみくろが同盟することでその平和も破られ、それらから逃れる冒険をする。最終的には、意識の核が切断されたために、主人公は「意識のない世界」に行くか、「死ぬ」かの選択を迫られる。

物語は、動物学者から、頭骨をもらうことから始まる。

頭骨の形は馬に似ていたが、馬よりずっとサイズが小さかった。

（『世界とＨＷ』上）

もしそれがほんとうに角だとすれば、私が手にしているのは一角獣の頭骨ということになる。

（『世界とＨＷ』上）

正確には象工場と呼んだ方が近いかもしれん。そこでは無数の記憶や認識の断片《チップ》が選《よ》りわけられ、選りわけられた断片《チップ》が複雑に組みあわされて線《ライン》をつくり……それはまさに〈工場〉です。

（『世界とＨＷ』下）

「……あんたの意識の中では世界は終っておる。逆に言えばあんたの意識は世界の終りの中に生きておるのです。その世界には今のこの世界に存在しておるはずのものがあらかた欠落しております。そこには時間もなければ空間の広がりもなく生も死もなく、正確な意味での価値観や自我もありません。そこでは獣たちが人々の自我をコントロールするのです」

……

「一角獣です」

（『世界とＨＷ』下）

「世界の終り」は、記憶を失った主人公が、高い壁に囲まれた場所に入るところから始まる。そこで、彼の影を切り離され、影は悲惨な暗闇の生活に入る。影を失った主人公は意識とか自我、記憶などの精神活動＝「心」を喪失するように仕向けられる。そのことは逆に「望みどおりのものを手に入れられる」「静かにひそやかな生活だけが」残る。

一角の「金色の獣」は、「ハードボイルド・ワンダーランド」では、人の自我をコントロールする存在として予測されるが、「世界の終り」では、寒さに耐え、生まれては死んでいく惨めな存在として、主人公の残された少ない感受性に訴えかける。しかし、その骨の中に人々の記憶がしまいこまれているのだ。しかもその骨に内蔵している記憶を引き出し記録することが主人公の仕事なのであり、本人の記憶がなくなると、その仕事も終わり、不安も葛藤もない、しかし心のない平穏な生活にはいる。

「俺は迷ったときはいつも鳥を見てるんだ」と影は言った。「鳥を見ると自分が間違っていないということがよくわかる。街の完全さなんて鳥には何の関係もない」

（『世界とＨＷ』下）

動物が主人公となる短編群

前記二作品とは違い、動物そのものが「主人公」となっている作品がいくつかあるので、それらについても少しみることにする。

（1）『あしか祭り』

あしか祭り実行委員長と称するあしかが訪問してきて、しかるべき金額の寄付を強要され、それをことわりきれないという話で、あしかのかわりに「営業マン」「詐欺師」と入れ替えてもなんら不思議のない物語である。

御存じのように、あしかという動物は広大な象徴性の海の中に生きている。……あしかのコミュニティーはこのような象徴性のピラミッド、あるいはカオスの上に成立している。そしてその頂点、あるいは中心に位置するのが名刺なのである。

（『あしか祭り』）

（２）『象の消滅』

動物園が経営難に陥り、敷地を売却するが、象の引き取り手がない。結局、閉鎖された小学校の体育館で象を飼育することになるが、ある日、象が忽然と動物園から姿を消すという話である。主人公はその光景を裏側から見ていた。

たしかに象は縮んでいるように見えた。（中略）

「じゃあ、あなたは象がそのままどんどん縮んでいって小さくなって柵のすきまから逃げだしてしまったか、それともまったく消えてしまったと考えているわけ？」と彼女が訊ねた。

「わからない」と僕は言った。

（『象の消滅』）

（３）『緑色の獣』

緑色の鱗に覆われた獣が、地下から這い出してきて、主婦の家に入り、プロポーズする。会話しているなかで、獣は相手の心が読めることに気づき、心の中で罵詈雑言を浴びせ、退治してしまう、ある種の残酷さを秘めた物語である。

するると獣の顔はさっと哀しみの色を浮かべた。そしてその哀しみをなぞるかのように獣の鱗の色が紫に変わった。おまけに…… 私は試しに思いつく限り残酷な場面を頭に思い浮かべてみた。

（『緑色の獣』）

（4）『かえるくん、東京を救う』

東京・新宿の地下で、長い間の仕打ちに怒ったミミズが、地震を起こす計画をたくらみ、かえるはそれを救うために、ミミズとたたかうが、その際、新宿信用金庫の片桐氏に立会い、励ましてもらいたいと依頼を受ける。

「私が君を助けた？」

「ええ、そうです。片桐さんは夢の中でしっかりとぼくを助けてくれました。だからこそぼくはみみずくん相手になんとか最後まで闘い抜くことができたんです」

（『かえるくん、東京を救う』）

動物によって表現されるもの

以上、簡単に動物の登場場面を紹介したが、動物たちが作品中で果たした役割は以下のようにとらえられる。

（1）予兆

村上作品では、離婚や失踪は数多く見られるテーマである。『ねじまき鳥クロニクル』では、妻の失踪とその後の離婚要求が物語の流れを形成している。失踪を予兆するかのように妻がかわいがっていた猫が家出する。

旧満州での、反日中国人の虐殺現場は動物園であり、その動物園では数日前に獣医師によって動物が処分されている。動物の処分はその後の中国人虐殺への手引きとなっている。また、ねじまき鳥の鳴き声にひきずられるように避けがたい破滅へと物語は進められる。

このように動物は、将来おこるかもしれない理不尽な事件や事象をさりげなく予兆させ、前奏となる機能を果たしている。

（2）異界へ行く、異界にいる

失踪や死も消えることにほかならないが、もっと直接的に消えてしまうテーマは多い。消える先は異次元の世界である。あるときは壁を通り抜け、あるときは井戸の中で、地下への穴を通じて、消えていく。異界との往復には、なんらかの形で動物が関わりをもっている。

あるいは、動物を介在させることによって、異界との往復という非覚醒的状況の異常性を緩和しているのかもしれない。


どこかで犬の喉を切らなくてはならない。

どこか？

ぼくの思考は固い壁にぶつかり、そこから先には進めない。

すみれはいったいどこに行ったのだろう？　この島のどこに、彼女の行くべき場所があるのだ？（中略）

すみれはあちら側に行ったのだ。

それでいろんなことの説明はつく。鏡を抜けて、すみれはあちら側に行ってしまったのだ。おそらくあちら側のミュウに会いに行ったのだ、こちら側のミュウが彼女を受け入れることができない以上、それはむしろ当然の成りゆきではないか？


（『スプートニクの恋人』）


〈羊男さんには羊男さんの世界があるの、私には私の世界があるの。……〉

〈だから羊男さんの世界で私が存在しないからって、私がまるで存在しないいってことにはならないでしょう？

……

僕だってまるっきり頭が悪いわけではないのだ。犬に噛まれて以来その働きが少しいびつになっただけなのだ。

（『図書館奇譚』）

（3）破壊

村上作品には、殺人、強盗、放火などの反社会的行為がいくつか見られる。また意識的な交通事故による自殺もある。これらは意識的反社会性によるというよりもむしろ衝動的で無自覚な行為として語られている。

それはある種の動物が引き起こす空気の乱れのようなものだった。動物、と僕は思った。そしてその気配は僕の背筋をはっとこわばらせた。僕はさっと部屋を見回してみた。でももちろん何も見えなかった。そこにあるのはただの気配だけだった。空間の中に何かがもぐりこんでいる硬質な気配。でも何も見えない。部屋の中には僕がいて、五反田君がじっと目を閉じて考え事をしているだけだった。僕は深く息を吸い込んで耳を澄ませた。どんな動物だろう、と僕は思った。

でも駄目だった。何も聞き取れなかった。その動物もやはりじっと息を殺してどこかの空間にうずくまっていた。そしてやがて気配が消えた。動物はいなくなった。（中略）

……何故僕が彼女を殺さなくちゃいけない？　でも殺したんだよ、この手で。

（『ダンス・ダンス・ダンス』）

ガソリンをかけて、マッチをすって、すぐに逃げるんです。

（『納屋を焼く』）

それで僕は銃口をカウンターの中に向けた。

……

「言われたとおりした方がいい」

……

「ビッグマックを三十個、テイクアウトで」……（中略）

……時折通りすぎていく長距離トラックのタイヤ音に混じって鳥の声が聞こえるようになった。

（『パン屋再襲撃』）

「どうやって殺したんですか？」
「みつばちの巣箱に投げ込んだのよ」

（『ニューヨーク炭鉱の悲劇』）

これらの破壊行為は、「多重人格」としか考えられないような場合もあれば、夢の世界での出来事だったりすることもあるが、動物の直接的な関与度は比較的低い。衝動的破壊の場合は、動物の介在などの媒介性はむしろそれほど重要ではなく、淡々と表現しても読者の理解を得られるからなのだろう。

（４）心のリアリティを保つ

異界や他界に移行しなくても、現実感覚とそぐわない状況はいくらでもある。そうした場合に、その不思議状況を醸し出すのに動物が使われる。

一頭の象をつかまえてきてのこぎりで耳と鼻と頭と胴と足と尻尾《しっぽ》に分断し、それをうまく組みあわせて五頭の象を作るわけなのだ。

（『踊る小人』）

「この中にとんがり鴉さまがいらっしゃいます」と専務が言った。「とんがり鴉というのは……」
……やがて耳が馴れてくると彼らがみんなで「とんがり焼・とんがり焼」と叫んでいるらしいことがわかった。

『とんがり焼の盛衰』)

「ねえ、羊男さん」と僕は訊ねてみた。「脳味噌を吸われるのってどんな感じなんですか?」

(『図書館奇譚』)

さりげなく動物をめぐる説明がなされているようだが、一面「なるほど」といった感じの説得力のある動物の使われ方でもある。
いいかえれば、村上作品で動物を介在させて表現される異常さは、その心象風景にとっては現実離れのものではなく、それが動物世界にあるかぎりにおいては、「心のリアリティ」をもったものとして存在している。同時にそれは、読者にとっても同様である。

（5）換喩

村上春樹は、言葉のもつイメージ力に対する感性に鋭い作家である。動物のもつイメージ＝非人間的イメージを丁寧に演出して、非日常の登場を日常化している。それはある種の換喩である。「どこかで犬の喉を切らなければならない」といったときに、犬の喉は何かを表現しているのであろうが、それは読者にはわからない。作者のなかで、比喩が転換されているからである。読者にわかるのは、それがさりげなく効果的に表現されているか否かだけである。これは隠喩とははっきり違う。隠喩は比喩とされている対象が、わかるような仕掛けになっているし、作者と読者との間での知的な交流が可能だからである。

動物絵本の世界との比較

動物と子どもをつなぐ関係については、前述の矢野氏による興味深い考察がある。それは、動物の世界との境界線を越えて、子どもがそのなかに一体化してしまうような絵本であり、動物絵本の中で、動物との溶解した関係を引き出す絵本である。

子どもはその絵本によって動物の世界に入って、異界を擬似体験しふたたび戻ってくることによって、「人間になること」と「人間を超える」という二重の体験をする。

村上作品においても、挿絵は重要な要素であり、今回調査した作品群の中にも数は少ないが挿絵がふくまれているものがある。動物を表現するには絵画的表現がもっとも適切なのであろう。

両者に共通するのは、動物を介在させた合理的世界からの離脱であり、異界体験である。しかし、そこにおける動物の役割は明快に異なっている。対象が、子どもか大人かということの関係もあるが、両者には明確な構造の相違がある。

矢野氏における動物体験は、言葉や絵による異界体験であり、そのことによって子どもは、人間を超えた体験をする。しかし村上の場合は、動物は異界との媒介であり、そこに入る雰囲気の醸成であり、糸口であって、直接に動物世界との溶解体験をはかろうとするのではない。村上の世界では、溶解しているのは、人間界＝こちら側と異界＝あちら側との境界なのであり、動物界ではない。むしろ動物が存在することによって、異界との溶解体験の描写を円滑に進める手段であり、その描写をより理解しやすいような雰囲気を作りだすためのものである。こうした表現手段は、心的世界の不条理や多重世界への不自然さの表現を緩和するのに役立っている。

村上作品の解説書では、多様な動物の登場について、ほとんど触れられていない。それは、動物の作り出すアニミズム的役割への理解が解説者に及んでいないからであろう。動物表現が「自然に」異質な世界を表現するのに適切な媒体であることを、あらためて認知しておく必要がある。

筆者らによれば、日本人の動物観の特性の一つに、「宿神論的態度」がある。これは、動物に神が宿っていると考える態度であり、いいかえれば、動物には人間の律することのできない神的な何ものかが存在していて、そこには立ち入らないあるいは立ち入れないといった考えや行動群が日本人には深く沈着していて、動物にかかる摩訶不思議な表現を前にして、「そういうことがあってもおかしくない」という心を日本人がもっているということを、村上自身が感じ取っているのではないだろうか。村上作品では、論理、三次元世界、精神を超えることができる存在、状況の現実性を取り払い、さらに読者と作者の間にある緊張感を緩和する、そのようなものとして動物は使われる。「動物がでてきたら、何がおきても不思議ではない」ということなのである。

村上作品は、海外において翻訳されて出版されている。その場合の動物の取り扱われ方と受け取られ方には興味深い。『ねじまき鳥クロニクル』の米語版翻訳では、ねじまき鳥の鳴き声はCreeeakと表現されているが、どのように受けとられているのだろうか。

千と千尋の神隠し——宮崎駿の世界

宮崎駿の描く一連のアニメ映画も動物との不思議な関係を示していて興味深い。そのなかでも物語性が薄い、連関と脈絡が意識的に隠されているといわれる、「千と千尋の神隠し」

を取り上げてみてみる。

物語の展開：少女が引越しするところから物語は始まる。車を運転している父親がいつの間にか道を間違えて、山中に迷い込み、お地蔵さんを見て、トンネルに入ろうとするとき、「コホホホホー」と鳥の鳴く声が一段と大きくなる。異界への入り口だが、本人たちは知るはずがない。トンネルを抜けると赤い門がある。そこには建物が並んでおり、大皿にいい匂いの中華料理がおいてある。たまらず、両親は食べるが、不安がる少女千尋は、食べずにそのまま進むと、それからは不思議な世界になっていく。両親は豚へと変身させられ、そのまま食べ続けている。それから登場する動物や怪物は、カエル、アリだったりススワタリという怪物だったりするが、とりあえずどうでもいいことにしよう。

筆者がこのアニメを取り上げた理由は、村上の場合と同様、鳥の鳴き声が異界への入り口であったことである。異界へ導くのは動物が一番ふさわしいのだ。第二に理由は名前である。千尋は、この世界で「千」という名を与えられる、いや、「尋」を取られてしまうが、本当の名前を忘れると人間界へもどれない。名前は人間の証であり、名前がないと宙に浮いた中間的な存在となる。その上この世界は、人間界と絶対的に離れてはいない異界として、「千」という細い糸によってつながるという逆擬人化の方法がとられていることである。矢野氏のいうような冒険の半異界性がここにもある。ちなみに、切通理作氏は、「千と千尋の神隠し」を紹介するにあたり、宮崎版「不思議の国のアリス」と呼んでいる。

童謡・唱歌の歌詞と曲

いわゆる童謡と呼ばれている一連の歌がある。大正期から戦争が終わるまでの期間に作詞・作曲された二九三曲を収めた『日本童謡集』を見てみると、いかに動物が題材として取り上げられ、歌われているかがわかる。日本の創作童謡は、大正期に児童雑誌『赤い鳥』によって国家からの教化策と離れた歌を輩出してきた。日本人の近代的情緒を形成する役割を果たしたとされるこの時代の童謡における動物の取り上げ方を見てみることにする。

大正期を代表する曲には、「赤蜻蛉」や「月の沙漠」、「夕焼け小焼け」などが知られており、この童謡集では二〇四曲が収められている。そのうち、一〇九曲、53％の歌詞になんらかの形で動物が登場する。動物の種は、鴉と馬が各七曲を筆頭に兎、牛、蛙、鶏、狐、猿などが続いている。野鳥が三三曲、虫が二〇曲、野生哺乳類は一七曲で家畜が一六曲、その他と分類できる。一つの曲に複数の動物種が取り上げられるのは稀で、大体が一種類で、全体としては、動物の愛らしさや自然との調和した人間生活を歌いこむ例が多い。ところで、大正時代が進むにつれ、大正一〇年（一九二一）を過ぎるあたりから、その比重が変わってくる。一〇年以前だと65％であるのに、一〇年を過ぎると42％に下がってくるのである。自然を歌い上げることから、ゆっくりと都市生活や心情を詠う方向に変化していることがわかるのである。この傾向は昭和に入っても続く。戦前の昭和期の名歌を編集した『大人のための歌の教科書』は、戦前に作詞・作曲されて戦後になっても歌い継がれた作品を六五曲掲載しているが、動物の取り上げられ方としては三〇曲、46％である。虫がもっとも多く一三曲、鳥は九曲、野生哺乳類六曲、家畜五曲、その他と続く。全体に曲が長く、一つの曲に複数の動物が登場する例は多くなっている。都市近郊の自然と都市生活の中の心情を歌い、田園生活を憧憬としてとらえていく傾向を見てとれるのである。

さらに戦後に国民的に歌われた歌謡群として、「NHKみんなの歌」がある。こちらのほうは、さらに動物の比率が低下してゆく。戦後から昭和年代の五三三曲中、動物が歌詞にほんのわずかでも取り上げられるのをふくめても、29％と下がっている。主なテーマは、「仲良し」「ともだち」「一緒に」など人間関係を保つことと、「健康」「遊び」など健全な体をつくることに集中しており、かつてのロマンティックな動物は少なくなってきている。もはや動物は人のこころに暗喩としても訴える力を失い、具体的なイメージをもたなくなっている。歌の世界では、それほどに実像としての動物は見えなくなっている。

歌の動物については以上のとおりであるが、音楽というと少し意味あいが違ってくる。歌詞がない音楽といえば、演奏曲ということになるが、西洋の音楽であっても、動物を題材にしたものはきわめて少ないのである。サン＝サーンスの「動物の謝肉祭」やチャイコフスキーの「白鳥の湖」はあまりにも有名であるが、さてそれ以外にというと思いのほか少ない。日本における演奏曲の分野ではほとんどないといってよいのである。演奏曲の成立は、ほぼ近代のことであるが、作曲自体に動物は成立しにくいと考えられる。

戦前の歌には、小学唱歌というジャンルがある。安田寛氏によれば、小学唱歌は、キリスト教の普及歌としてのミッションをもった讃美歌に対抗した歌を日本が自前で作り出すのが、明治国家の近代化成功の重要な条件であったという。そのせいであろう、軍国主義を鼓舞し、日本の古風や英雄、立身出世を歌い上げるものが多く、その分だけ動物は少くなる。

霊的存在としての動物

動物の霊力

古代から自然現象は、なんらかの予兆であり、応報であると考えられてきた。動物に関連するものだけでも、白い雉《きじ》の出現は瑞兆であり、年号を白雉と改名したことすらある。イナゴやバッタ、ウンカの大量発生は、凶兆であった。安部（倍）晴明は、その霊力を母親である狐からもらったとされた。異様な力をもつものは、動物と血縁があるというのだ。この類の話には枚挙にいとまがない。近代科学の発展によって、こうした「迷信」は消え去ったか

日本じゅういたるところにおいなりさんはある（東京・代々木八幡神宮内神社）

のように思われた。しかし超能力、心霊現象、前世などといわれても、冗談半分の遊びの世界で生き残っていると考えてしまったのは、大変な誤解だったかもしれない。

動物観研究の先達である中村禎里氏は、多くの動物たちが霊力をもっていたと考えられていたことを例証しているが、野生動物と家畜とでは、動物たちのもっている力が違うことも示唆している。蛇や狐、猿は神になる。狸やワニはえたいが知れない。そして犬、馬は霊力というよりは、現実的な力があることを述べている。他方、動物から人間への変身譚においては、人へ死後に上昇的変身する動物には牛や馬、犬など人のそばに生きる家畜が多く、狐と蛇は、生きたまま変身することが多いという。家畜の力は具体的であり、野生動物のそれは、漠然としてえたいが知れないのである。

宿神論的態度

一九九一年に動物観調査を行う企画を立てたときの筆者は、まさに冗談半分で、こうした態度があるとすれば、宿神論的態度と名づけることにして、いくつかの設問をアンケートの中に入れ込んでみた。それは次のような設問であった。また、この態度の特徴を、「自然や動物を神的存在ととらえ、恐れと敬いとを併せもつ」と定義した。

①科学が発達した現代に、神社に狐や蛇が祀られていることに違和感を感じる
②生き物を殺すと、何か「たたり」があるのではないか、という感じをもっている
③動物のことで何か「エンギをかつぐ」（たとえば、黒猫が前を横ぎるとよくないことが起きる、とか）
④野生動物や自然は、いわば「自然の摂理」によってできた「神聖な世界」だから、人間は手を触れない方がよい
⑤動物に対して、何か神秘的なものを感じることがある
⑥「お盆には、肉を食べない」という習慣は、もっともなことだと思う

これらの設問群に対する回答は③⑥を除くと、ほとんどプラスが強かった。①②④⑤にはほとんど同様の反応で、その程度は、⑤については、「そう思う」14％、「まあそう思う」41％、「どちらでもない」26％、「どちらかというとそう思わない」15％、「そう思わない」4％であり、①（この設問は反対の内容なので、点数を逆にしてある）②④のいずれにも似たような結果となったのである。これらを総合してみると宿神論的傾向のある人が、30％から40％いると判定された。これはこの調査の際に設定した一二種類の態度の中で二番目に多い。ちなみに一番多かったのは、「日本的な動物や野生動物に美しさを見る」と定義した審美的態度である。二〇〇二年にはこのうち②④⑤の設問を行ったが、全体に大きな変化はなかったものの⑤に対する賛成者が多くなっていた（「そう思う」「まあそう思う」が68％）。また、漠然とした不安に対しては比較的強い反応があり、具体的になるにしたがい否定的になっていく傾向も見える。

このように、動物に神秘を感じ、殺したりすると祟りがあると考えている人は、相当数にのぼり、迷信だなどと一笑にふすわけにはいかないレベルにある。

第5章 現代日本人の動物観

極東日本のもつ意味

石川啄木の短歌に、「東海の小島の磯の白砂に　われなきぬれて蟹とたわむる」という叙情あふれる名歌がある。この歌を聞いて、即座に「東海の小島」とはどこか、なぜ泣いているのか、たわむれるとはどういうことか、などと疑問に思うのは野暮であろうか。石川啄木は、明治末期の「大逆事件」と「特別高等警察」の設置などを背景とした日本社会の政治的閉塞状況に鋭く反応した歌人であるが、この作品は、一連の反動政策が決定する直前の作品である。東海の小島とは日本のことであり、自らと社会の閉塞状況を嘆いたと読むと理解しやすい歌であろう。この東海の小島の日本は、そのさらに東に果てしない太平洋という世界の果てがあり、たどり着ける島や大陸をもたないという地政学的位置にある。海の向こうは日の昇るところであり、何もないと中世人が思ったところで何の不思議もない。竹取物語に登場するかぐや姫の話では、姫の無理難題に基づき大臣や貴人が世界各地に物を求めて放浪する。その際、天竺、南の海には出かけていくが、東の海には出かけていかない。太平洋の向こうには何もないと想定されている。

日本にやってくる新しい文化は、日本のなかで積み重ねるようにして、あるものは拒否され、あるものは変容をうけながら受け入れられた。西からは、強大な文化の源としての大陸があり、その文化の運び手としての朝鮮半島がある。大陸にいったん政変があれば人と文化は日本列島になだれ込み、それを受け入れてきた。中村元氏は、外国の宗教を摂取する際に、「何らかの具体的な人倫的組織を絶対視していて、それをそこなわない限りにおいて摂取採用したにすぎない」と述べている。李御寧氏は、こうした日本人のパーソナリティを称して「縮みの文化」と呼んだが、筆者はこの装置を「フィルターと圧縮の文化装置」と呼んでおく。そこには文化受容にかかるフィルターが働き、受容と排斥を繰り返し、その結果受け入れられたものや思想が重層になって積み重なっている。

このフィルターは社会制度から政治制度あらゆる分野にかかわっているが、動物に関しても同様であろう。かつて鯖田豊之氏が「動物のことをあまり考えないで思想形成をすることができたのは日本の特殊事情である」と述べたが、動物へのかかわり、たとえば家畜文化のなかでも、食用家畜、品種改良、家畜への加工具がほとんどみられないのは、なんらかのフィルターによって排斥されていたにちがいない。こうして日本文化はフィルターを通り抜けたものが重層に積み上げられ、濃密に凝縮され、一つ一つは縮む結果となったのだろう。それゆえに、稀に存在する家畜技術的行為者は少数者としてさげすまれ、社会の周辺で存在することを余儀なくされた。

動物を改変しない

さて動物の利用についてであるが、日本における家畜史を眺め渡したときに興味深いのは、家畜を改造しないことである。古代より近代にいたるまで、幾多の渡来人を受け入れてきており、牛や馬も大陸経由の産物である。そのなかには当然に畜産技術者も多数存在したにちがいない。品種改良などの繁殖・飼育管理や乳製品利用など家畜にかかる技術は多様である。しかし、江戸末期にいたるまで、去勢、淘汰などの顕著な畜産上の改良は見られないのである。動物利用の結果として生じる死体の処理や殺すことなどの「直接的対処」に対する忌避もこれらと関係があろう。こうした反面、動物処理業者に関しては、浄土真宗などが積極的に救済の手を差し伸べたことにも見られるように、「必要な行為をやむをえず行う」人たちへの救済は、反転思想としてあった。また動物を生贄として神に捧げる供犠もほとんど行われていないが、狩猟者を救済・守護するものとして諏訪神社のように「食べられることによって役立てる」といった観念も例外的に生み出された。少数者に対する逃げ道はかならずといってよいほど残されているのである。それなくしては、東海の小島では生きていけなくなってしまうからである。

よく知られているように、ユーラシア大陸で開発された馬の蹄鉄は、明治にいたるまで日本では使われなかった。蹄鉄の代わりに、藁の沓をはかせて保護したのである。とりあつかうのにどうにもやっかいな牡馬を去勢することなど考えもつかなかったろうし、たとえ渡来人に教えてもらってもやらなかったのだろうと思う。明治の日本を訪れた女性探検家イザベラ・バードは、山道で馬を雇い馬子が馬を操ることの拙劣さにあきれている。もちろん、去勢されていないし、蹄鉄も打たれていない。ついでに人間についていえば、去勢した権力接近者としての宦官の制度は、朝鮮半島まで導入されていたが、日本では行われたとは聞いていない。刺青も最近までは、まっとうな人はしないものとされていた。ピアスやタトゥーの習慣が定着したのはごく最近である。

いわゆる日本在来犬に意図的な品種改良がなく、犬の家畜原種に近い遺伝子を残存させているとの報告がなされているが、家畜類で品種改良がほとんど行われなかった事実と照らし合わせると、たちどころに了解できる。第一章において、家畜だけではなく犬や猫についても品種改良しない。猫も和猫が生き残っている。現代日本人はペットへの品種改良や整形を嫌うとしたが、この感覚は日本人の原感覚なのであろう。

身体をいじくるのを、不遜でおぞましいこととして、忌避し、生まれたままの姿であることを望んでいるのである。

食用専用の動物を飼育しない

明治以前には、専ら食用に供される家畜は存在しなかった。食用専用と考えられる家畜は豚であるが、奈良時代以前を除いてほぼ完全に飼養されていない。また馬、牛などの家畜は一部を除いて食に供されていない。飼育した動物は食べにくいようだ。

これについては、中村禎里氏の話が興味深い。彼は、捕鯨をめぐる国際的バッシングに対して、日本人の心情の例として「鯨には人に殺されないで寿命を全うする機会があるが、豚は最初から殺して食うために飼われている。豚はそんなことをつゆ知らず、人になつき餌をねだっているのは、いかにも哀れではないか」と考えれば、鯨への動物観の違いも理解できるのではないかとしている。そこで思い出したのだが、もはや四〇年も前になるが、鯖田豊之氏がベストセラーになった著書で、フランスのレストランでの会話を紹介していた。フランス人のお嬢さんが、血だらけの豚の頭を前に躊躇する著者に「だって、牛や豚は人間に食べられるために神様がつくってくださったのだわ」と。

豚は猪の家畜種である。牛や馬と比べても猪は日本の在来種である。猪そのものは、「牡丹鍋」と称して江戸末期に食肉の効用がいわれていたから、肉を食べるとなればおそらく真っ先に食べられたと思われる。くわえて、農山村社会では、近くの藪にすんでいたし、また害獣として食べていた。しかしそれは害獣としてであって、積極的に食する習慣は根付かなかったし、多くの場合、田畑防衛のためにしし垣を設けるにとどまっていた。塚本学氏によれば、日本でも江戸時代に、豚は都市の清掃と犬の餌に使われていたと述べている。よくいわれる長崎や薩摩以外でも豚は飼育されていたが、豚への嫌悪感と明治以後外来の豚品種が輸入されたため、忘れられた歴史になってしまったとのことである。さてそうだとすれば、その豚はどんな豚だったのか興味深い。少なくとも、日本で豚の品種改良など思いつかないと思われるし、人間が食べるものでもなかったというのが一般的であったことを考えあわせると、短期間肥育した猪と考えるのが妥当であろう。

供養・慰霊・お祓いなどの行為は、たまたま食べてしまったことへの、あるいはやむをえず食べてしまったことへのうしろめたさに対して、人間の側がそのこころをおさめる行為であろう。供養や慰霊は、食べた自己をなだめ、おさめるためだけではない。動物を利用する、あらゆる場合にも行われうる。

動物を利用する

テレビが始まった初期の頃に、「笛吹童子」という番組があった。主人公の少年がいて、数々の困難を乗り越えて姫君を助けるというストーリーであるが、そこに典型的な悪者が登場する。悪者だから髭面のおじさんで、いかにも怖くて悪い面相をしていて、毛皮のチョッキをまとっていた。悪者のコスチュームは、毛皮が似合うというわけだ。

戦国時代に日本を訪れたヨーロッパ商人は、こぞって毛織物を持ち込んだが、ほとんど売れなかったという。日本の暖かい気候にあわないことや肌触りの違和感などもあったようだが、動物性のコートも利用されることはなかった。

皮製品には、肉食をすると否とにかかわらず、利用価値はあった。布と比べて丈夫で強い力が加わってもちぎれないため、武具には欠かせなかった。戦国時代が終わり、平和な鎖国の時代には需要は減少するが、完全にはなくならない。動物の利用は食肉や羊毛、実験、皮革製品、象牙から薬品など多様である。鯨などは、全身が活用される。鯨が魚として取り扱われ、魚食が重要な蛋白源であった日本人にとって、海の生き物は、海からの恵みなのであり、天や海から授かった恵みは、現代的な意味における「利用」という観念とは一致しないのではないか。

いずれの場合でも供養などが行われていて、殺して利用したものを供養するのは、それへの感謝の気持ちがこめられているといわれるが、くわえて利用したことへのある種のうしろめたさを解消する儀式としての意味が加えられよう。

これらの供養は、きわめて現代的でもある。もちろん、江戸時代やそれ以前にさかのぼる行事も多く見られるが、明治以後や戦後の経済成長の時代に始まった供養も多い。生命を奪うことへの忌避感が高まっている反面の行為と考えられる。現代人は供養して自分の感情を鎮めていく作業を行わないと動物を殺して利用することに耐えられない。依田賢太郎氏は、「動物の死に直面したときに感じる畏怖、悲しみ、憐れみ、罪責などさまざまな感情や認識が、ある閾値を越えたとき塚を築く」と述べている。

このことは現代におけるかわいそうの観念と関連している。第一章でペットについて述べたが、ペットを散歩や番犬の友とするのは人間のための直接的な利用であるが、あまりその自覚はなく、そのことをかわいそうと考えていない。言い換えれば、愛するペットを自分が何かに利用しているなどと考えるのはおぞましいのではないだろうか。家族と考える人があまりに多いということは、そう思わなければ申し訳ないという気持ちが無意識に沈潜していまいか。多くのペットが品種改良されて現在にいたっていることを知りつつ、家族なのである。

消え行く馬

中国の言葉に「南船北馬」というのがある。いうまでもなく、長江から浙江一帯の低湿地帯では、河川と湖沼が多く、古くから運河が発達し、移動機関として船が有効である。隋の煬帝が建設した「大運河」はあまりにも有名である。また北部平原の移動には馬が有効であるとされていることから、この言葉が使われる。

日本は河川、海岸「大国」である。いたるところに河川があり、海岸線は三・五万キロにもおよびアメリカの二万キロをはるかにしのぐ。くわえて、地形は急峻であることも指摘しておこうか。これらの地形的特徴がもたらすものは、船による移動、水への親和性、そして水中動物の利用ということになるであろう。現在のような鉄道や航空機の発達していない近世社会までは、船による移動が有効であり、しかも船は大量の物資を輸送できるのである。日本の輸送史には船の存在を欠かすことはできない。

世界史的に見れば、輸送手段としての船と馬は二大移動手段といえるであろう。古代から中世、近代にかけてヨーロッパ社会は、東、北、南からの侵略におののいていた。東からは匈奴、フン、マジャールなどの騎馬民族による侵入、南はアラブ諸民族による小アジアからの侵入、これらはすべて馬による侵入であり、馬の改良はこれらをきっかけになされたといっても過言ではない。北からは船によるバイキングの侵入である。両シチリア王国など地中海の奥底まで船は到達しえたし、セーヌ川を上ってパリを陥落の危機に陥れたのも高度な造船技術と巧みな操舵技術のゆえである。

ひるがえって、日本における輸送手段、戦闘手段としての馬の利用はごくごく貧弱なものであったといってよい。圧倒的に船による海上、河川輸送が優位であり、馬は補助的手段であるといってもよい。しかし東西の程度の差こそあれ、手段としての馬や牛は、戦闘、物資の輸送、農耕の補助、狩猟の同士として使われてきた。

馬の場合であれば、戦闘場面での乗馬を例にとってみればよくわかる。馬の性質や能力が乗馬者の戦闘力と生命を制約している。生活の場面でもまた、輸送、農耕などの生産性を保障するのは馬の能力だといって過言ではない。使用者にとって馬は自分の一部を預けなければならない対象なのである。

それゆえ、世界の動物文化を見ても、馬を尊重しない文化はきわめて少ない。馬は権力と武力の具体的表現であり、常にあこがれの対象でもある。

日本では、いささか趣を異にしていると言わねばならない。古代から貴族社会は、移動手段を牛車に頼った。馬は古代末期から江戸初期のあいだ、武士階級によって戦乱時における戦闘と移動手段とに重用されたが、馬を調教し、コントロールするのに苦心している姿が見える。戦乱がおさまると、馬飼育は急速に沈静化に向う。農耕や馬車、儀礼などを除けば、馬との接触の場は少なくなる。明治になって、ふたたび軍事的目的で馬はみなおされる。日清、日露から第二次世界大戦のあいだ、大陸への軍事的進出を試みるとき、馬が再登場し、動物文化の中心となるのである。こうして見ると、日本における馬は、軍事的目的に著しく偏重しているように見える。接触する人間も限定されている。日本の地形は、河川が多く、急峻であり、馬向きとはいえないこともあって、日本では馬が重要な意味をもった期間は比較的短い。その分だけ馬への愛着が薄いといわねばなるまい。

戦後におけるモータリゼーションの発達は、使役される動物を農業社会から駆逐してしまった。もちろん、モータリゼーションは世界的な流れとして日本に押し寄せたのであるから、身の回りからの使役動物の消滅は日本に限ったことではない。にもかかわらずここでいえるのは、あまりにもあっけない消滅である。

現代では、長野県のデータでは、一九五九年には、約三万頭の馬が飼育されていたが、一九八九年には約三五〇頭まで減少している。農耕馬はほぼ絶滅している。専業的な農家における馬利用はなくなり、乗馬など趣味による利用以外はまったくないといってよいほどである。馬は飼育するに手間のかかる動物であり、飼料などをふくめると高価な動物であり、これが残る条件はきわめて厳しいものがあることは想像に難くない。最近になって、木曾馬などの日本産在来馬の保存活動が盛んになってきているが、文化としての在来馬保存運動には限界があると思われる。技術者もこのままでは高齢化とともに消えていくしかない。

ここで考えられる道を探るとすれば、在来馬の利用的側面に着目するしか方法はない。馬は高貴な動物である。乗馬する人の馬への愛着はきわめて高い。しかも高価であるから日本社会に残りうるには人為的な力が必要になる。その意味では、馬が、障害者乗馬やセラピー、AAE（アニマル・アシステッド・エデュケーション＝動物介在教育）という活動に役立つとすれば、生き残る道はわずかに残されている。

漁撈と釣り――中間形態として

魚類は日本人の動物観を考えるにあたってキーとなる動物である。しかし見過ごされていたのは、魚があまりにも当たり前の存在であったからであろう。古代から魚を食べるのは当然視されていた。天武のいわゆる食肉禁止令においても、魚漁の禁止は当初のうち、簗《やな》の禁止としてわずかに登場するがそのうちに消えてゆく。徳川綱吉の「生類憐れみの令」においても、魚はほとんど対象外である。わずかに、金魚を放生せよとの事例が見られるのみである。金魚は観賞目的で飼われていたからなのであろうか、放す先が藤沢の遊行寺と決められていたのも面白い。現在でも、動物園で餌として魚を与える場合に、鮒を与えてもなんら苦痛はないが、金魚や鯉など色がついている魚を与えると、お客さんから「かわいそうだ」と苦情がくる。

ともかくもいくつかの例外はあれ、魚類は動物のカテゴリーから外れていたと考えられる。もっとも魚類を動物にふくめてしまったら食事が立ち行かなくなってしまったであろう。

鯨が魚類にふくまれ、食べるために獲るという観念はそんなに旧いものではなかったと思われる。捕鯨に適する船は近代の技術であろうし、むしろ鯨は遠洋から魚を追い込んでくれるありがたい存在として重用されていた。もちろん、たまたまストランディングした鯨は貴重な利用対象であっただろうが。鯨は偶然手に入る、海の恵みであった。

魚類や海産物は、とってあたりまえのものである、と現代日本人も考えている。そこに疑問の余地はないだろう。しかしいうまでもなく、漁撈は狩猟の一形態である。

野生獣はともかく鳥類の捕獲は許されなくなった。しかしここに許容されている釣りという行為がある。筆者らの調査では、いままで釣りをしたことがあるとする経験者は約30％で、登山とほぼ同数である。日本釣振興会では、釣り人口を一〇〇〇万人としており年々増加しているそうだ。こちらの調査は、釣り好きの数だから結果に違いはあるのはやむをえない。いずれにしろ多くの日本人が釣りを好んでいることはデータの示すとおりである。釣りは日本人に許容された狩猟行為なのである。

日本人の動物観

一神教と多神教

現代日本人の動物観を探るうえで重要なのは、動物観の指標となる行為やアンケートへの回答もさることながら、ヨーロッパやアメリカとの比較と過去の日本との比較であろう。欧米との比較は、表現される言葉と受けとる側のイメージの違いなどがあって、時に漫画的にならざるをえないが、避けて通れない。また過去に日本で行われ、観念されていたものがどれだけ消え、残存しているかを考察することは、現代人への理解を深める一助となるであろう。

一神教の神は、絶対的唯一者である。世界をつくったのも神であれば、そのなかでいかに生きるべきかを指し示すのも神にほかならない。ではその神の作った世界の全貌はいかなるものであるのか、ヨーロッパ中世以後の自然・人文科学は、この神の意志の全体像を把握することに傾注してきたといってよい。神の世界に近づくために、真実はまちがいなく存在し、それは一つであるとの信念をいだくのは当然のことかもしれない。しかし現実社会においては、神の認識に近づきたいという探究の結果として、まったく逆に聖書には記載されていない新しい事実が発見される。地球が丸いなどとは中世世界の世界認識を超えているだろう。新大陸に渡った征服者たちは、そこに「ノアの箱舟」に乗っていない動物たちを発見して驚愕した。こうした聖書の教えと現実の矛盾の調整者は、現実世界における神の代理人であるバチカン・ローマ法王である。彼の役割の一つは、科学的発見をいかに聖書と矛盾せず解釈するかにある。これは、イスラム世界においても同様である。イスラム教のウラマーもまた、コーランの教えと現実の解釈を調和する能力によって尊敬を得ている。

明治になって日本を訪れたアメリカ人「お雇い外国人」のモースは、大学の講演でダーウィンの進化論を講義したが、聴衆たちが進化論に理解を示したことに驚いている。当時、アメリカでは進化論などは、「人とサル」を混同する、とんでもない学説であったからである。もっとも、以後日本では、俗流社会進化論者、スマイルズの「弱肉強食」論が爆発的に流布して、後に禍根を残すことになるが。

ところで、日本は多神教社会であるといわれることが多い。神さまはそこらじゅうにいるし、狐や狼など動物も神様の仲間いりをする。神社に神様、仏閣に仏様、八百万の神さままで充満している。日本人のアニミズム性といわれるものである。いうまでもなくアニミズムとは、あらゆるものに神性があると考えることにある。

第四章に示した調査（二〇〇二年）で、「石にも生命を感じるか？」という設問には24％

の人が、「そう思う」と答えているが、「動物に対して、何か神秘的なものを感じることがあるか？」という設問では68％が「そう思う」と答えている。動物に神秘性を感じる人は多いけれども、石に生命が宿っているとは考えにくいということである。

その意味では、日本人のアニミズム性はそれほど高くなく、むしろ何か不可思議なことが起きると、自分のなかでそれを消化できなくて、自然に力があるとなんとなく思うことにしてお祓いやお参りをするといった感性が高いと思われる。これはむしろマナイズムというべきものであろう。そのうえ、あくまでも、対象を一回自分の心にいれて、そのうえで心的な操作をしているともいえる。

欧米でのキリスト教信仰は形骸化しているという。日曜学校やミサに行くのは、大人の行為としてはみなされていないようだ。しかし筆者が欧米人の特に自然科学者と話していて感じるのは、絶対的な知への追及であり、答えは一つで一つしかない。あいまいさを許さないといえばそうなるが、Ａか非Ａかという二元論的思考の前では、われわれにあるＡでも非Ａでもあり、Ａでも非Ａでもない、という矛盾律が成立するのではないかという主張は、なかなかわかってもらえない。キリスト教は社会生活ではその重みを失っていくかもしれないが、正否の明快さへの希求、絶対知への願望といった思考様式はしっかりと残るようだ。「宗教は科学の敵である」という遺伝学者ドーキンスは、仏教を称して、あれは思想であり宗教とは違うのではないかと述べている。

イタリアに訪問したときに「どうして日本は優れた国になったのか」と質問された経験がある。私は「宗教心というものがないからです。そういうものに囚われない自由な発想をもっている」と応えたが、唖然とした顔をしていた。彼らからすれば理解できない心性だったのである。おそらく、日本人に信仰心というものがあるとすれば、それは不安の解消手段であろう。動物観は、より非論理的な世界の産物である。アメリカの社会学者ケラートは、日本人の動物観の特徴として倫理的態度の持ち主は少ないと結論づけているが、彼の言う倫理とは、自然破壊をしている人間に対して、破壊の結果について責任を感ずべきであるという倫理であり、これとは別に日本人の倫理は明快に人倫関係の倫理であるから、倫理的でないと指摘されるのは、ある意味では当然であり、しかし日本人には受け容れがたい評価になるのである。

こうしたことから、日本人の動物観を理解するにあたって、宗教的な視点からアプローチするのは、少なくとも有効ではない。動物を自然への畏敬、不思議な力などの一部を担っているると理解しているのである。

動物と人間との間の混乱

中世ヨーロッパには魔女裁判、狼男など奇怪な出来事が少なくないが、その一つに「動物裁判」がある。一三世紀から一八世紀のほぼ五〇〇年以上にわたって、動物裁判は続いていた。一二二〇年には、レマン湖で大量発生して汚染を引き起こしたウナギが、呪いのことばと破門を宣告された。嬰児を殺した豚は、有罪の判決をうけ、人面に上着や半ズボンを付けられ死刑にされた。これらの裁判は、弁護人、証人尋問など近代裁判に必須の要件がすべて整えられたうえで行われており、それゆえ、無罪放免となるケースも少なくなかった。少なくとも有罪にすることを前提として裁判したのではない。

これらの一連の事件に対してヨーロッパ人が黙っていたわけではなく、多くの識者が「善悪の判断のつかない動物を裁くのは無益である」と反論している。当然、後世西欧の歴史家もこの解釈をめぐって擬人化にその原因を求めたり、異教的アニミズムに源泉を求めたり、エリート社会に対する民衆の抵抗的姿勢の現われとする意見などなど異常性を説明するのにやっきになっている。歴史学者池上俊一氏は、中世ヨーロッパ社会の構造、人間と自然の関係変化を明らかにしつつ、人間中心主義が確立したとき、中世的合理主義や正義の濫用が動物裁判を起こしたのだと述べている。すべてを人間社会秩序のなかに取り込もうとすると き、人間とそれ以外との間のカテゴリー区分の場面で、混乱に陥った状況が見て取れる。

人間と動物の間のカテゴリーが混乱している例を、現代でもう一つ挙げることができる。それはナチス・ドイツの動物政策である。ナチスは、ユダヤ人を豚とみなし、社会ダーウィニズムを援用して動物の比喩を多用する。いっぽう、ナチスの動物政策においては、一九三三年から一九四二年まで三〇を超える動物法を制定する。一九三八年の改訂では、

「諸外国と異なり、動物すべてを保護の対象とする。ペットとその他、高等と下等……一切差別を設けない」といった具合に徹底的なものになっている。個々の条文においても、微に入り細にわたって規定が述べられる。動物の使役、実験動物、農場で毛皮を得るために殺すこと、馬の尾を切ること、など。サックスはこれらを、動物と人間の境界を曖昧にすることによって、ユダヤ人という「人間の虐殺」を「動物の虐殺」に見せることにあった、としている。

さて、日本でおきた、理解しにくいという意味で似たような事例として思い出されるのは、犬公方徳川綱吉の「生類憐れみの令」であろう。これについても諸説あるが、山室恭子氏の説を引いてみることにしよう。それによれば、綱吉の時代は、まだ戦国の風が抜けきらず、試し斬りなど殺伐な行為がまかり通っていた。綱吉は儒学を好み、仁心の涵養と慈悲の心を育成するために、前後一三五もの関連する法令を発した

グリューネヴァルト「キリスト磔刑図」（イーゼンハイム祭壇画・ウンターリンデン美術館蔵）

という。動物をいつくしむ心を育てることが、殺伐とした世情を変えるのに役立つ。後世の通説は多分に、次の将軍の功績を顕彰するためにその側近である新井白石が書き残したものによっているとのことである。こうした結論にいたる証明過程は、きわめて論証的で興味深い。

前記二つのヨーロッパの事件は、動物をふくめた他者との関係をどのように把握するのかという葛藤・対立のなかで生まれた事件であろう。ヨーロッパ社会では、他者としての動物を抜きにして思想を語ることができない。しかし綱吉の例では、犬など動物をいつくしむ感情は露出していても、犬を他者として、自らに対立させて、区別するか否かの判断に苦しんでいる様子は見えない。他者意識が薄いことは、他面で自己意識が薄いことにもつながっていくのだが。

人間主義（ヒューマニズム）からの離脱：二つの思想

ヨーロッパ近代社会は、物質的にも思想的にも政治経済芸術あらゆる側面において社会に変化をもたらした。それは近代社会が確立されたといわれる一七・一八世紀から今日にいたるまで基本的なパラダイムの変更なしに生き続けてきている。思想的にはヒューマニズムの確立もその重要な構成要素である。動物裁判が姿を消すのも、人間主義が定着して、人間とそれ以外との新たな区別が確立されたためと思われる。それを端的にいえば「人権」という言葉で表現することができる。

近代自然科学の分野では、特にダーウィン以後には、人も動物であることが科学的事実として明確にされた。人が動物の一種であるにもかかわらず、ヒューマニズムが容易にゆるがないのは、人には、「理性」「意識」「言語」などがあるからというのが、欧米人の感性である。区別と境界があるかないかは、重大な関心事なのである。

ディズニーの映画「バンビ」は、この境界を「感情移入」という視点からえぐって、世界的大ヒットとなった。バンビは母親と森の中で平和な生活をすごしていたが、ある日ハンターによって母を殺され悲しみにひたる。観客は美しくかわいそうなバンビへ感情移入して自然の破壊にしろ虐待にしろみんな人間が悪いのだ、というメッセージを受けとる。いたいけな動物を殺し、すべて悪いのは人間だとするバンビシンドロームと呼ばれる現象をひきおこした。

さらにこの境界は、大きく揺るぎはじめようとしているように見える。動物の権利派の台頭であり、ディープエコロジーの敷衍である。動物には、感情も理性もあり、豊かに生きる権利がある、みずからの生息地を守るために裁判に訴える原告適格性がある。人と動物にどのような違いがあるのか、と。表面的には、「動物裁判」ときわめて似ている「動物の権利」ではあるが、類似のものとみなして、カリカチュライズしてよいのであろうか。

他方、アメリカでは、「創造説」が跋扈している。人とサルとが同じ起原をもつなどは神に対する冒涜であるとして、進化学説を否定するだけではなく、学校教育で教えることを禁止している州が、一〇を超えるにいたっている。個々に教員が教えると、バッシングと抗議が殺到するというのだから、とても教えていられないだろう。

ここで抜け落ちている論理軸は、主体としての人間である。神もふくめておよそすべての観念を作って世界を認識してきたのは、人間であろう。人間はまちがいなく動物であり、その一つの種にすぎないが、痛みを感じるとか、感情があるからという理由によって、動物と人を同一視するのは、ものごとをどちらかに決めないと前に進めない西洋的特質であろうか。

さらには、日本人には西洋的「権利」の観念を理解することが難しい。権利とは、まず神に与えられたものであり、次に自然的に存在するものである。つまり生来あるものだとされるのだが、同時にわれわれは権利は獲得されていくものだということを知っている。何もしなければ、権利など紙くず同様に過ぎないと理解している。われわれにはこの狭間にある違和感を拭い去ることがむずかしいのだ。

現代日本人の動物観

野生動物と家畜・ペット

日本人の動物観の特徴として第一に挙げられるのは、野生動物と家畜や人里の動物に対する取り扱いが異なることである。また人里の動物でも、個体が明らかなペットと個体が不明なそれとの間にも違いがある。動物飼育や動物の改良などは人間社会へ動物を取り込むことにほかならないが、そのような取り込みが行われないのが野生動物である。人里の野生動物には距離をおき、被害を受けたりしたときはとらえることもあったし、精をつけるべきときには食べていたのである。野生動物は計画的に捕らえることが難しいし、そもそも探して狩らなければならないこともあって、偶発的に食べるにとどまっていた。しかも農村社会で密やかに行われ、都市で行われるとたちどころに奇異の目で見られる。山の野生動物には神秘感を抱きつつ、何をするかわからない存在として遠ざかっていた。

予兆としての動物：神秘性

明治以前においては、こうした野生動物に対しては、輪廻や変身思想が茫漠と生きていて、野生動物のすむ深山は異界と感じていた。また生体を実用のために改変し、駆除することを忌避しており、それらの行為には祟りや応報がつきもので、なんらかのうしろめたさを感じていることにつながる。と同時に、人より動物が大切とされたことはなく、動物と人間との間には明快な区別が存在していた。

こうした感性は、近代科学の発展のなかで消え去ったかのように見えたが、現在でもしぶとく生き残っている。

村上春樹の小説や宮崎駿のアニメでも、動物はこうした日本人の心性をくすぐるよう活用されている。異界への入り口は動物によって容易に開きうるが、その姿を見せない、実体を明らかにせず、声だけが使われるのである。

現代日本社会においては、動物を直接、神や仏の使いとして崇めたり尊重したりすることはほとんどない。稲荷神社や御岳信仰にしても、心の底から動物たちが主人公になっていると考えていない。日本人の宗教心は高いとはいえないのである。またアニミズムだと言いきることもできない。

それゆえに、動物、特に野生動物がこの分野に占めている位置は、興味深い。私たちは多くの野生動物を何気なしに見ていて、しかし狸やハクビシンが暗闇に出現して、目を光らせれば異様な感覚に襲われ、相手がなんだかわからない時は、なんらかの異界性を感じてしまう。ゲンを担ぐとか、よりどころを求めるのは、状況に対する不透明性、自己の心理的不安、こうしたものが時に容易に動物と結びつく。野生動物に対する過小評価と過大評価がない交ぜになっているのが、現代の動物観である。

なにか申し訳ないと思えば、お祓いとか供養が必要になるわけである。

ペットとの親子関係と餌を与えること

ペットと日本人の新たな関係は、赤ん坊と母親の感情に擬せられた頼るものとそれに愛を注ぐものであると、第一章で述べた。第二章では、動物を保護するだけでは満足できず、愛情を加えた愛護という言葉が使われることの必然性について述べた。ここでは、街中で動物に餌を与える行動から、考えてみることにする。餌を与える動機を調査するなかで、次のような直接的動機を見出すことができた。

①関心を引く：そこにいる動物は、存在するだけでは「よそよそしい」だけであるが、その両者に接点を作り、空間的・精神的に接近と一体感を醸成する。
②物理的距離の縮小：近づける＝距離を縮める⇕接触する⇕遊ぶ：実体として接近することを目的とし、場合によっては触るという行為を期待する。
③動物が喜ぶ：動物が喜んでいる姿を見ることができる。
④ねだられる：自分の前で、なく（声を上げる）、手をだすなど具体的にねだられるのに応じる。
⑤かわいそうに思う：あるいは一方的な思い：動物がひもじく、惨めな様子に同情する、もしくはひもじいと一方的に判断する。さらには、自分が餌をあげないと動物が死んだり、栄養不良になる（のではないか）と思う。

⑥食べるところが見たい：食べるという根源的に動物的な行為を見ることで、楽しい思いをしたい。

⑦近くにいる動物を話題にする：自分だけではなく、周辺との話題や共通項ができる。

⑧与えること：動物に餌を与えるのは、完全な無償の行為である。北米西海岸で盛られるポトラッチは、無償の譲与である。しかし、そこには名誉という精神的代償が介在する。

⑨動物に対して優位にたつ（Give me chocolate!）：相手をコントロールすることができる。または精神的な優位にたち、満足感を覚える。

⑩直接的な目的でないもの：営利や習慣など餌を与えることが直接的な目的と考えられない、客寄せ、神事、ショー。

これらをまとめてみると、利益がからむケースを除けば、「関係をつくる＝保つ」「個人的・社会的な和みを醸成する」「名誉や満足感などの精神的充足をえる」「要求に応じることで自分への好意を引き止める」などが動機の背後にあると考えられる。要するにほとんどが愛情を発露して、「精神的な満足感を満たす」「動物との関係をつなぎとめたい」ものと判定されうるのである。これは土居健郎氏の言う「甘え」の関係と類似している。

ちなみに欧米諸国では、野生動物に餌を与える行動は、少ないかもしくは禁じられている。特に動物園においては、管理者の制約のもとでのみ行われうる。

子ども観と動物

動物観から現代日本社会をみるかぎりでは、「愛すべき」対象としての小さな子どもが成長したりいなかったりして生まれたなんらかの欠如状態を、ペットで埋めているようだ。ペットとの関係は擬制の親子に近く、しかもいつまでも成長しないよちよち歩きの幼児と理解するのが妥当である。

歴史学者アリエスによれば、一七世紀以前のヨーロッパでは、子どもは大人と構造的に違った独立した位置をもたされていなかった。子どもは、七歳くらいから徒弟に出されるなどして家庭内にはおかれず、親から切り離された。家庭が上流であれば、他家に出されるか、寄宿舎つきの学校に行かされた。一八世紀以降でも未完成な大人、不完全な大人として食事の場も別にされていた。トゥアンは、一六―一九世紀にいたるヨーロッパの家庭でのペットの扱われ方を描いているが、そのなかには子どもの姿はほとんど見られない。子どもがペットと遊ぶ姿も稀である。子どものかわりにいるのは、愛玩動物＝ペットとしての動物である。それは場合によっては、黒人でもあり、奴隷にも適用された。

今や死語となった言葉に「女子供」ということばがある。また「女子と小人は養いがたし」という表現も類似のものと思われる。彼らは「男子」と区別され、一段低いものとみなされた。ここで差別史の論評を続けるつもりはないが、要するに、女性と子どもが同じ立場であり、それゆえに場合によっては、男の子は女性より上位に置かれることもあった。ヨーロッパと比べて、家庭内での子どもの位置と取り扱いがちがうのである。世界中どこにいっても、子どもが同じ扱いをされたわけではないのだ。明治に来日したお雇い外国人は異口同音に、日本では子どもは大事にされていて、子どもは特別の存在とされているようだ、と驚いている。

ヨーロッパでは、子どもは未完成の大人として不完全な存在として認識され、取り扱われてきた。いまだ成長していない、これから大人になる人間で、しつけられ、鍛えられる対象としてあったといえよう。ペットは、まったく別に愛玩の対象として考えられた。そのためであろうか、イギリスの動物保護法においても、保護の対象としてペットがふくまれるようになるのは、使役動物よりも遅い。保護法が犬に適用されるのは、使役される動物としてであり、次に実験動物としてである。ペットは家庭内にあって、保護法の対象から長いことはずされてきたといってよい。

日本においては、特に犬に例を取ると、地域の犬としての位置があり、戦後は比較的裕福な家庭で子どもの相手として位置づいていた。そして子どもは、家庭内でかけがえのない大切な存在であり続けてきた。そうしたなかで、かつて子どもや孫が占めていた家庭内での位置を、擬制的にペットが占めるにいたったと考えられる。

ペットとの関係変化のありようは、子どもの家庭内における位置と取り扱いの歴史との関係抜きには語れない。その関係は、いうなれば精神的＝実用的関係なのである。

現代における、ペットに頼られたときの感情、室内犬、一緒に寝る、着物を着せる、動物墓などはそうした関係のなかでとらえることができよう。

しかし、動物の名前づけからも、また頼られ、面倒を見ること見られることからその関係が始まるように、どこか擬制であることも指摘しておかねばならない。

最後に

動物と人間の区別と相似

人と動物の「距離」とか「断絶―連続」にかかわって、西洋と比べて日本では動物と人との距離が近く、断絶しているよりむしろ連続関係にあると、多くの先人たちは述べている。中村禎里氏の動物と人との通婚や変身譚の研究では、人から動物、動物から人へと変身する場合に、日本では相互に自在な変身が見られるが、西洋では動物から人への変身は少なく、本来は「人」であって、たまたま誰かの仕業によって動物に変身させられている例が多いと指摘されている。日本人でも、動物と人との距離や断絶はあるが、たとえば鶴の恩返しやほかの動物の報恩譚でも、正体がわかると別離がくる。通婚では、動物の血が混じると強力な人間になる。動物の不思議な力、いいかえれば普通でない力をもった人間は、なんらかの形で動物に力を与えられていると考えられる。

キリスト教―ユダヤ教の体系では、教義上、人と動物の間に歴然とした区切りがある。一神教の場合、判断するのは最終的に神であり、それが普遍性をもたなければならないから、神が裁断してしまった定義は絶対で、そのため物事を二分法で裁断されてしまう傾向にある。人間存在の位置づけは、宗教の本質にかかることだから、ここが明確になっていないと教義として成り立たなくなるのであろう。「神は動物を支配するものとして人を造った」。人が動物に変身させられる場合でもなんらかの罰としての変身であり、それが解けると人にもどるということになる。

キリスト教との対決抜きに語れないヨーロッパ

ヨーロッパ思想の転換は常にキリスト教義との対決抜きには語れない。新しい思想は、必然的に教義との対決を避けて通ることができない。その結果は融和であり、または転換、革命であるかもしれないが、対決を経過、媒介している。それでは、人間と動物との区別についてはどうであろうか。

ヨーロッパにおける動物と人との境界は、キリスト教と聖書の記述によって設定されているが、同時に同じキリスト教者によって、動物を人間の虐待から保護されるべきものとして乗り越えられた。当初は、動物を虐待するような非人間性を醸成しないために動物の保護が課題となったが、次第に動物の保護そのものが目的である「動物福祉」の概念が導入され、さらに動物が人間同様のなんらかの権利をもつものとしてそれは徹底されようとしている。そこにはヨーロッパ人の痛みを忌避する感覚が介在している。

これらの段階のどの観点に立つかによって動物への姿勢は異なる。動物が人間と同様の権利をもちうるという観点は、キリスト教の教義の外にでて非キリスト教的になる立場と、他方では教義のなかにあって神は動物にも恩寵を与えるのだと規定することによって、同居している。しかしどの立場に立つにせよ共通するのは、教義との思想的対決もしくは解釈であり、人間の行為に対する反省であるといえる。また、非キリスト教理論を作り出すためには、新たな原理が必要になるのである。キリスト教的原理の範囲であるか、新しい原理、たとえば、「動物の権利」派、であろうと理論的構築が必要であり、その理論のなかで新しい関係を作り出しているし、動物と人間の距離は、その原理にしたがって設定されているといえよう。その意味では自在に変わりうると思われる。創造説はこうした原理への極端な反発かもしれない。

原理にこだわらない感覚

いっぽう、日本においては、動物と人間の距離を理解するための原理そのものが存在してこなかった。距離感はおそらく感覚的に醸成されてきていて、まさしく「距離感」と呼ぶのにふさわしいのだ。現代においては、自然を大切にしてできるだけふれないという感覚と、擬制親子としてのペットとの関係が併立している。人間と動物は、同じではあるが違う存在であると理解されている。

人間と動物が、同じでありかつ異なる存在であるという日本人の感覚を理解するうえで、キーとなるのはおそらく猿であろう。古代から日本猿の生息は知られており、最初は神や神の使いとして現れた。大貫恵美子氏によれば、次第に「人間と動物の境界をおびやかす存在とされ、それを笑いものにすることによって人間と猿の間に距離をつくりだすようにされてきた」。つまり、「毛の三本たりない人間」であり、スケープゴートである。こうしてわれわれにごくごく似ている猿さえ人間から切り離しておけば、あらためて他の動物たちを人間と峻別する理論は必要でなくなる。動物園での猿山が人気のある展示なのは、こうした教育装置として機能していると思われる。日本人の動物に対する行為や観念の特徴はすでに述べたが、品種改良などを嫌い、悪いことをすると祟るなどの諸特徴は、人間と動物の類似性を、当然視している結果と考えると理解しやすい。

人と動物の距離との関係でいえば、境界は「毛の三本足りない」ことによって作られているのである。これは反面、三本足りないだけの違いでしかない連続関係にあるともいえよう。

感情の豊かさと必要な時間

鯨の捕獲方法が、動物虐待であるとして国際的なバッシングを受けている。欧米の動物保護法では、動物虐待や動物に与える苦痛の範囲はできるだけ具体的に規定されているようだ。日本においては、当然のことながら、あいまいである。常識的に最初に思い浮かぶ虐待行為は、殴る蹴る水食事を与えないなどであろうが、こうした事件はきわめて稀である。兎を埋めたなどが起きればそれこそ大事件である。意識的な虐待行為は、おそらくほとんどないと考えてよい。欧米の規定に基づく「虐待行為」はあるかもしれないが、起きてもほとんど無自覚であるともいえる。もっとも、「虐待行為」の定義は、多くの議論があるとされるから、何を残

エサを求めるチンパンジー（写真／多摩動物公園）

虐とするかは文化を含意して難しい問題である。それは、南極物語のタロ、ジロでも理解していただけよう。残虐性の認識の薄さは、それが自分にとって嫌な行為かどうかにかかわっている。嫌な行為はしたくない、やむをえずした場合は、その感情をなだめるための時間や儀式が必要になる。一頭の馬を飼って、戦争のために供出する農家が供養碑を建て、食肉用の牛を肥育する農家がそれを市場にだしたあと、ゆっくりと時間をかけて罪悪感に近い感情を鎮めていく過程は、まさにそうである。感情移入と罪悪感の鎮静は、日本人の動物への取り扱いを考えるうえでのキーワードである。

動物を愛護するという思考は、日本人にはふさわしい観念であると思われる。この愛護という感情的要素をふくんだ「動物愛護管理法」は、まことに日本人の動物観にフィットした法律名であるともいえる。しかし、ひとたび感情的要素を抜き去ってしまうと、日本人と動物の間には、どこかしら疎遠な関係が浮かび上がってくる。

あとがき

動物観研究などという、分かるような分からないような奇妙な領域に首をつっこんでしまったことに、本書を書き終えて我ながらあきれている。十数年前に、面白半分に、また興味津々として研究会を発足したときは、周囲の人たちは、「動物観って、それ何ですか」と異口同音に応えた。年に一度開催している発表会への参加者が目立って増えだしたのは数年前のことである。そのうち、「動物観を研究しています」と言っても、違和感のある反応がなくなってきて、「面白そうですね」と言われるようになってきた。

ここ一〇年はペットブームだといわれている。ペットとしての動物の存在は、現代日本人の生活に定着してきているようである。愛着度や感情移入の度合は高まっている。反面、都会にもいる鳥や虫への関心は、低下する一方である。私が「鳥飼さん」と呼ぶ飼鳥を趣味にする人は絶滅危惧種である。かつてどこにでもいた昆虫少年も同様である。鳥飼いと昆虫少年の復活をさけぶ人は、オヂさんだけになってしまった。

ところで、こうした事態をなげき、かなしむのは、私の性にはあわない。しょせんなるようにしかならないのだ、と思ってしまうのは、我ながら情けないとは思うが、よる年波には勝てず、おののいてしまうのである。ならば、しげしげと動物をめぐる諸現象をながめわたして、冷静に判断してみようではないか。そのくらいなら何とかできるかも知れない。

動物観の研究対象は、どこにでもある。テレビ、雑誌から街中の観察、要はどのように動物が取り扱われているか、ここへの好奇心、疑問があればいいのだ。私の場合は、動物園での動物観察がはじまりで、そこで三〇年間、動物と人間を見てきた。振り返ってみれば三〇年という年月は動物と人間との関係を変えてしまっている。展示されている動物をからかう人や餌を投げ入れる人は、昔から見れば圧倒的に少なくなった。替わって現れたのは、「かわいい」「かわいそう」という女性たちである。

動物園の内輪話になるが、二〇年前までは飼育職員に女性はいなかった。少なくとも東京都の動物園はそうである。最初に配属されたのは二〇年ほど前であり、それからはせきを切ったよう女性が増えている。今では新米の60％が女性であるが、当然のことに四〇代以上となると圧倒的に少ない。

動物と人間の関係変化を担っているのは、女性である。動物と人間の関係が変化したと言ったが、変化したというよりは、むしろ女性の社会発言力の上昇に伴ない、こと動物に関しては女性の意見が過半を占めるようになったことで、関係の変化を大きなように見せているのかも知れない。動物観の歴史的研究のキーワードは女性である。

定年が近くなり動物園生活も終りに近づいた頃、大学で教員をやらないかという話があった。先方は、当然動物園に関する教員を求めていたと思われるが、動物観もやらせてもらいたい旨を申し上げて、了解してくれたので、喜んでいくことにした。現在は、動物観・動物園学研究室という、何やら自分でもはずかしくなる名称である。当然、動物園が中心で動物観はややつけ足しのようなつもりである。私の勤務する大学では、三年生の後期になって学生は研究室に配属される。配属先を決めるのは、第一に学生の希望で、第二には教員の受入れ可能数である。事前の打ち合わせで、一人の教員あたりおおむね一五人程度を基準に受け入れようと相談していた。実際に希望をとってみると動物観希望者がすごく多いことが分かった。理工系大学であるのに、動物園研究希望者より動物観研究希望者が圧倒的に多いのである。あらためて、動物観への興味が高いことを知らされた。

冒頭でも述べたように、動物観研究はどこでもできる。どこにでも動物はいるし、動物にからんだ物は見たくなくても見えてくる。ただこれまでは、目では見えていても、頭や心が見ていなかっただけなのだ。だからこのことに学問的な追及の目を向けている人は、ほとんどいない。動物観学などと大上段にふりかぶらなくても、まず事物を考現学的に見るところから出発すればよい。

考えてみれば、人間と動物の関係は矛盾そのものである。ヒトにとって他者であり、同一性である動物は、何らかのイデオロギーや思想によって切ったり、離したりとさばかないかぎり矛盾関係は解けない。本書では、この矛盾をできるだけ矛盾として描写することをこころがけた。私自身もそれがベストな方法と思っている。

最後にこれからの私の課題について少しふれておきたい。考えてみたい第一の問題は、日本人とペットについてである。私の興味はそもそも野生動物にある。しかし、各種の調査をすることでペットと日本人の関係は、現在激しく動いていてどこに行くか分からない状態である。この動きをしっかりとつかんでおきたい。ペットは人間に依存して生きている存在だから、この問題はまったく人間社会そのものの問題であり、私の手に負えない可能性がある。とはいえ、ここをさけては先を見ることはできないと感じている。

第二の課題は日本の野生動物である。野生動物は農山漁村の人たちにとっては害獣であるとともにどこかしら憎めない自然の象徴としてある。この両極面を対立として見ればそう見えるし、自然とのつながりと見ればそうでもある。これまでの動物学者はあまりこの分野に立ち入ることがなかった。野生動物学者が少なかったせいもある。最近では、等閑視できなくなって多くの学者が何らかの形で、生業者と野生動物の関係にふみこんでいくようになってきた。野生動物の生息数の管理や獣害の防止策などの観点から、いわば技術論的な視点からの方法は飛躍的に向上している。しかしその一方で、農山漁村の生業からの離脱は激しい。そしてまた放棄された生業の地が増えるにしたがい、新たな問題がおきている。おそらく技術的な問題を超えた何かがおきていると思われる。この問題に動物観の視点から、何とかメスを入れられないだろうか。

第三には、世界的な野生生物の絶滅危惧についてである。野生生物の保護には、一切の人間的影響を排除して保護すべきだとする見解から、人間による管理を徹底化すべきとする意見まで千差万別である。しかし時間と空間は一つしかない。起きている事実は、一つなのである。違うのはとらえる視点なのだ。何が絶対的に正しいか、正しい道筋を見つける、といった観点に立っても、私にはそれを見つけることはできないだろう。人は神ではありえないし、私にはそれに近づく能力もない。できることといえば、視点を広げる、異なった次元から見ることとくらいであろうか。

最後に、新たに動物観について興味を持っていただけるかもしれない人たちに申し送ることがあるとすれば、それは視点の多様化と重層化を常に意識してことにあたっていただくようお願いしたい。

ではどこかで会える日を。

謝辞

本研究を行うにあたってともに討論を重ね、多くの教示をいただいた動物観研究会の亀山章先生、若生謙二氏、横山章光氏、高柳敦氏に心から感謝します。動物観研究は彼らと共同でなくしては決してできなかったでしょう。また、ヒトと動物の関係学会で多くの意見をいただいたことに、役員をはじめ会員の皆さんにお礼をのべたい。発行にあたっては、ＢＮＰ髙松完子さんにいくつもの指摘をいただき修正することがあった。どうもありがとうございました。

参考文献一覧

全般にわたり参考としたもの

中村禎里『日本人の動物観――変身譚の歴史』ビイング・ネット・プレス、二〇〇六（初版、海鳴社、一九八四）

石田戢ほか「日本人の動物観――この10年間の推移」『動物観研究』No.8、二〇〇四

石田戢ほか「日本人の動物に対する態度の類型化」『動物観研究』No.2、一九九一

石田戢ほか「日本人の動物に対する態度の特性」『動物観研究』No.3、一九九二

ヒトと動物の関係学会『ヒトと動物の関係学会誌』1～18号

動物観研究会『動物観研究』1～12号

国立歴史民俗博物館編『動物と人間の文化誌』吉川弘文館、一九九七

林良博、近藤誠司、高槻成紀『ヒトと動物』朔北社、二〇〇二

梶島孝雄『資料日本動物史』八坂書房、二〇〇二

磯野直秀『日本博物誌年表』平凡社、二〇〇二

サックス、B『ナチスと動物――ペット・スケープゴート・ホロコースト』関口篤訳、青土社、二〇〇二

リトヴォ、H『階級としての動物――ヴィクトリア時代の英国人と動物たち』三好みゆき訳、国文社、二〇〇一

第一章

網野善彦、上野千鶴子、宮田登『日本王権論』春秋社、一九八八

飯田哲也『現代日本家族論』学文社、一九九六

上野千鶴子『近代家族の成立と終焉』岩波書店、一九九四

諏訪春雄『文明の錯誤を正す新家族論』勉誠出版、二〇〇七

岩村暢子『〈現代家族〉の誕生――幻想系家族論の死』勁草書房、二〇〇五

博報堂生活総合研究所『「半分だけ」家族――ファミリー消費をどう見るか』日本経済新聞社、一九九三
山田昌弘『家族ペット――やすらぐ相手はあなただけ』サンマーク出版、二〇〇四
金児恵「ソーシャル・サポートネットワーク成員としてのコンパニオン・アニマル」（博士論文）、未公刊、二〇〇六
香山リカ『イヌネコにしか心を開けない人たち』幻冬舎、二〇〇八
有馬もと『人はなぜ犬や猫を飼うのか――人間を癒す動物たち』大月書店、一九九六
宇都宮直子『ペットと日本人』文藝春秋、一九九九
モリス、D『ふれあい――愛のコミュニケーション』石川弘義訳、平凡社、一九九三
レヴィ＝ストロース『野生の思考』大橋保夫訳、みすず書房、一九七六
市村弘正『「名づけ」の精神史』みすず書房、一九八七
佐藤稔『読みにくい名前はなぜ増えたか』吉川弘文館、二〇〇七
紀田順一郎『名前の日本史』文藝春秋、二〇〇二
イー・フー・トゥアン『愛と支配の博物誌――ペットの王宮・奇型の庭園』片桐しのぶ訳、工作舎、一九八八
山室恭子『黄門さまと犬公方』文藝春秋、一九九八
四方田犬彦『「かわいい」論』、ちくま新書、二〇〇六
土居健郎『甘えの構造』弘文堂、一九七一
土居健郎、齋藤孝『「甘え」と日本人』朝日出版社、二〇〇四
石田戢「イヌの名前」『動物観研究』No.7、二〇〇三

第二章関連

グロスマン、D『戦争における「人殺し」の心理学』安原和見訳、ちくま学芸文庫、二〇〇四
「少年A」の父母『「少年A」この子を生んで……――父と母悔恨の手記』文春文庫、二〇〇一
青木人志『動物の比較法文化――動物保護法の日欧比較』有斐閣、二〇〇二
鳩貝太郎、中川美穂子『学校飼育動物と生命尊重の

指導』教育開発研究所、二〇〇三
「ヒトと動物の関係学会第六回大会シンポジウム」『ヒトと動物の関係学会誌』第9巻10号、二〇〇一
リヴィングストン、J・A『破壊の伝統――人間文明の本質を問う』日高敏隆他訳、講談社、一九九二
マーカムソン、R・W『英国社会の民衆娯楽』川島昭夫他訳、平凡社、一九九三
パスモア、J『自然に対する人間の責任』間瀬啓允訳、岩波書店、一九九八
トマス、K『人間と自然界――近代イギリスにおける自然観の変遷』山内昶訳、法政大学出版局、一九八九
ターナー、J『動物への配慮――ヴィクトリア時代精神における動物・痛み・人間性』齊籐九一訳、法政大学出版局、一九九四
モリス、D『動物との契約――人間と自然の共存のために』渡辺政隆訳、平凡社、一九九〇
カヴァリエリ、P、シンガー、P『大型類人猿の権利宣言』山内友三郎他訳、昭和堂、二〇〇一
シンガー、P『動物の権利』戸田清訳、技術と人間、一九八六
ナッシュ、R・F『自然の権利――環境倫理の文明史』筑摩書房、一九八六
ベコフ、M『動物の命は人間より軽いのか――世界最先端の動物保護思想』中央公論新社、二〇〇五
鈴木貞美『生命観の探究――重層する危機のなかで』作品社、二〇〇七
地球生物会議資料『海外の動物保護法2』

第三章

岩村暢子『現代家族の誕生』勁草書房、二〇〇五
長崎福三『肉食文化と魚食文化――日本列島に千年住みつづけられるために』農山漁村文化協会、一九九四
平林章仁『神々と肉食の古代史』吉川弘文館、二〇〇七
石井研堂『明治事物起原8』ちくま学芸文庫、一九九七
樋口清之『日本食物史――食生活の歴史』柴田書店、一九六〇
鯖田豊之『肉食文化と米食文化――過剰栄養の時代』

中央公論社、一九八八
鹿野政直『健康観にみる近代』朝日選書、二〇〇一
大貫恵美子『日本人の病気観――象徴人類学的考察』岩波書店、一九八五
ハリス、M『食と文化の謎』板橋作美訳、岩波書店、一九九四
ハリス、M『文化の謎を解く――牛・豚・戦争・魔女』御堂岡潔訳、東京創元社、一九八八
ダグラス、M『汚穢と禁忌』塚本利明訳、思潮社、一九九五
リーチ、E『文化とコミュニケーション――構造人類学入門』青木保訳、紀伊國屋書店、一九八一
山内昶『「食」の歴史人類学――比較文化論の地平』人文書院、一九九四
谷泰『神・人・家畜――牧畜文化と聖書世界』平凡社、一九九七
ファーブル゠ヴァサス、C『豚の文化誌――ユダヤ人とキリスト教徒』、宇京頼三訳、柏書房、二〇〇〇
原田信男『歴史のなかの米と肉――食物と天皇・差別』平凡社、一九九三
原田信男『江戸の食生活』岩波書店、二〇〇三
山内昶『タブーの謎を解く――食と性の文化学』筑摩書房、一九九六
加茂儀一『日本畜産史――食肉・乳酪篇』法政大学出版局、一九七六
下山晃『毛皮と皮革の文明史――世界フロンティアと掠奪のシステム』ミネルヴァ書房、二〇〇五
波平恵美子『ケガレ』東京堂出版、一九八五
桜井徳太郎ほか『ハレ・ケ・ケガレ・共同討議』青土社、一九八四
ルイス・フロイス『ヨーロッパ文化と日本文化』岡田章雄訳、岩波文庫、一九九一
塚本学『生類をめぐる政治――元禄のフォークロア』平凡社、一九九三
山室恭子『黄門さまと犬公方』文藝春秋、一九九八
寺門静軒『江戸繁昌記』三崎書房、一九七二
中山茂『日本人の科学観』創元新書、一九七七
林丈二『東京を騒がせた動物たち』大和書房、二〇〇四
鈴木克美『金魚と日本人――江戸の金魚ブームを探る』三一書房、一九九七

高橋春成『野生動物と野生化家畜』大明堂、一九九五
上田哲行編『トンボと自然観』京都大学学術出版会、二〇〇四
鳥山敏子『いのちに触れる――生と性と死の授業』太郎次郎社、一九八五

第四章

矢野智司『動物絵本をめぐる冒険――動物―人間学のレッスン』勁草書房、二〇〇二
ロバーツ、E・E・M『絵本の書き方――おはなし作りのAからZ教えます』大出健他訳、朝日文庫、一九九九
堀内敬三、井上武士編『日本唱歌集』岩波文庫、一九八三
与田準一編『日本童謡集』岩波文庫、一九九四
安田寛『「唱歌」という奇跡 十二の物語――讃美歌と近代化の間で』文藝春秋、二〇〇三
川崎洋『大人のための教科書の歌』いそっぷ社、一九八〇
中村禎里『動物たちの霊力』筑摩書房、一九八九
山内昶『もののけ』Ⅰ、Ⅱ、法政大学出版局、二〇〇四
大貫恵美子『日本文化と猿』平凡社、一九九四
斎藤正二『日本人と動物』八坂書房、二〇〇二
赤田光男『ウサギの日本文化史』世界思想社、一九九七
松崎憲三『現代供養論考――ヒト・モノ・動植物の慰霊』慶友社、二〇〇四
鈴木貞美『生命観の探究――重層する危機のなかで』作品社、二〇〇七
石原千秋『国語教科書の思想』ちくま新書、二〇〇五
『僕たちの好きな村上春樹』別冊宝島、宝島社、二〇〇三
加藤典洋編『村上春樹イエローページ』荒地出版社、一九九六
加藤典洋編『村上春樹イエローページ2』荒地出版社、二〇〇四
村上春樹「風の歌を聴け」一九七九、『風の歌を聴け』講談社文庫

村上春樹「1973年のピンボール」一九八〇、『1973年のピンボール』講談社文庫
村上春樹「羊をめぐる冒険」一九八二、『羊をめぐる冒険』上下、講談社文庫
村上春樹「中国行きのスロウ・ボート」一九八〇、『中国行きのスロウ・ボート』中公文庫
村上春樹「貧乏な叔母さんの話」一九八〇、『中国行きのスロウ・ボート』中公文庫
村上春樹「ニューヨーク炭鉱の悲劇」一九八一、『中国行きのスロウ・ボート』中公文庫
村上春樹「カンガルー通信」一九八一、『中国行きのスロウ・ボート』中公文庫
村上春樹「カンガルー日和」一九八一、『カンガルー日和』講談社文庫
村上春樹「あしか祭り」一九八一、『カンガルー日和』講談社文庫
村上春樹「午後の最後の芝生」一九八二、『中国行きのスロウ・ボート』中公文庫
村上春樹「土の中の彼女の小さな犬」一九八二、『中国行きのスロウ・ボート』中公文庫
村上春樹「シドニーのグリーン・ストリート」一九八二、『中国行きのスロウ・ボート』中公文庫
村上春樹「とんがり焼の盛衰」一九八二、『カンガルー日和』講談社文庫
村上春樹「かいつぶり」一九八二、『カンガルー日和』講談社文庫
村上春樹「蛍」一九八二、『蛍、納屋を焼く・その他の短編』新潮文庫
村上春樹「図書館奇譚」一九八二〜三、『カンガルー日和』講談社文庫
村上春樹「納屋を焼く」一九八三、『蛍、納屋を焼く・その他の短編』新潮文庫
村上春樹「踊る小人」一九八二、『蛍、納屋を焼く・その他の短編』新潮文庫
村上春樹「めくらやなぎと眠る女」一九八三、『蛍、納屋を焼く・その他の短編』新潮文庫
村上春樹「世界の終りとハードボイルド・ワンダーランド」一九八五、『世界の終りとハードボイルド・ワンダーランド』上下、新潮文庫
村上春樹「回転木馬のデッドヒート」一九八五、『回転木馬のデッドヒート』新潮文庫
村上春樹「パン屋再襲撃」一九八五、『パン屋再襲

撃』文春文庫
村上春樹「象の消滅」一九八五、『パン屋再襲撃』文春文庫
村上春樹「ノルウェイの森」一九八七、『ノルウェイの森』上下、講談社文庫
村上春樹「ダンス・ダンス・ダンス」一九八八、『ダンス・ダンス・ダンス』上下、講談社文庫
村上春樹「TVピープル」一九八九、『TVピープル』文春文庫
村上春樹「緑色の獣」一九九一、『レキシントンの幽霊』文春文庫
村上春樹「国境の南、太陽の西」一九九二、『国境の南、太陽の西』講談社文庫
村上春樹「ねじまき鳥クロニクル」一九九四〜五、『ねじまき鳥クロニクル』ⅠⅡⅢ、講談社文庫
村上春樹「めくらやなぎと、眠る女」一九九五、『レキシントンの幽霊』文春文庫
村上春樹「レキシントンの幽霊」一九九六、『レキシントンの幽霊』文春文庫
村上春樹「神の子どもたちはみな踊る」一九九九、『神の子どもたちはみな踊る』新潮文庫
村上春樹「かえるくん、東京を救う」一九九九、『神の子どもたちはみな踊る』新潮文庫
村上春樹「蜂蜜パイ」一九九九、『神の子どもたちはみな踊る』新潮文庫
村上春樹「スプートニクの恋人」一九九九、『スプートニクの恋人』講談社文庫

第五章

長澤武『動物民俗』Ⅰ、Ⅱ、法政大学出版局、二〇〇五
加茂儀一『日本畜産史——食肉・乳酪篇』法政大学出版局、一九七六
加茂儀一『家畜文化史』法政大学出版局、一九七三
加茂儀一『騎行・車行の歴史』法政大学出版局、一九八〇
本村凌二『馬の世界史』講談社現代新書、二〇〇一
茂原信生「形から探る—イヌ」『生物科学』、第58巻第3号、農山漁村文化協会、二〇〇七
依田賢太郎『どうぶつのお墓をなぜつくるか——ペット埋葬の源流・動物塚』社会評論社、二〇

〇七
松崎憲三『現代供養論考——ヒト・モノ・動植物の慰霊』慶友社、二〇〇四
中村生雄『祭祀と供犠——日本人の自然観・動物観』法蔵館、二〇〇一
池上俊一『動物裁判——西欧中世・正義のコスモス』講談社現代新書、一九九〇
山室恭子『将軍さまと犬公方』文藝春秋、一九九八
塚本学『生類をめぐる政治——元禄のフォークロア』平凡社、一九九三
塚本学『江戸時代人と動物』日本エディタースクール出版部、一九九五
丸山康司『サルと人間の環境問題——ニホンザルをめぐる自然保護と獣害のはざまから』昭和堂、二〇〇六
三戸幸久『サルとバナナ』東海大学出版会、二〇〇四
山下正男『動物と西欧思想』中央公論社、一九七五
阪口豊、高橋裕、大森博雄『日本の川』岩波書店、一九八六

扉写真

第2章

動物園の餌をあげるコーナーは大人にも人気（写真／多摩動物公園）

第3章

東京・両国に九代続いているしし鍋の店「ももんじや」（享保三年＝一七一八創業）。看板に「山くじらすき焼」とある。

第4章

小学校一年生用国語教科書『こくご一（上）』より「大きなかぶ」（さいごうたけひこ文・ローシン絵・光村図書出版株式会社）

第5章

日本ならではの行事、動物園の慰霊碑を拝む（写真／財団法人　東京動物園協会）

石田　戢

いしだ・おさむ

帝京科学大学生命環境学部
アニマルサイエンス学科教授（動物観・動物園学研究室）。
ヒトと動物の関係学会会長。一九四六年東京生まれ。
東京大学文学部卒後、上野動物園、
井の頭自然文化園園長、葛西臨海水族園園長、
多摩動物公園飼育課長、同副園長などを経て、
二〇〇七年より現職。
一九八九年から動物観研究会を設立して、
雑誌『動物観研究』を発行。主な著書に『上野動物園』
『井の頭自然文化園』（いずれも東京都公園協会）がある。

現代日本人の動物観

動物とのあやしげな関係

2008年6月16日　第1版発行

著者――石田 戢
発行者――野村敏晴
編集――髙松完子
発行所――株式会社ビイング・ネット・プレス
〒151-0064
東京都渋谷区上原1-47-4金子ビル303
編集・営業／電話03-5465-0878
FAX03-3485-2004
造本――矢野徳子＋石井貴美子
DTP――島津デザイン事務所
印刷・製本――株式会社シナノ

ISBN978-4-904117-05-7 C0039 Printed in Japan
http://:www22.big.or.jp/~bnp